Die radioaktive Strahlung
als Gegenstand wahrscheinlichkeits-
theoretischer Untersuchungen

Die radioaktive Strahlung als Gegenstand wahrscheinlichkeitstheoretischer Untersuchungen

Von

L. v. Bortkiewicz
a. o. Professor an der Universität Berlin

Mit 5 Textfiguren

Springer-Verlag Berlin Heidelberg GmbH

1913

ISBN 978-3-642-47132-2   ISBN 978-3-642-47406-4 (eBook)
DOI 10.1007/ 978-3-642-47406-4

Vorwort.

Die Schwankungen der radioaktiven Strahlung, auf ihren statistischen Ausdruck gebracht, sind bereits wiederholt vom Standpunkte der Wahrscheinlichkeitsrechnung aus untersucht worden.
In der vorliegenden Abhandlung stelle ich mir zur Aufgabe, zu
zeigen, wie derartige Untersuchungen im Sinne möglichster Korrektheit und Exaktheit der Methoden, die für die Bearbeitung des
einschlägigen Zahlenmaterials in Frage kommen, ausgestaltet und
fortgeführt werden können[1]). Aber wenn es mir hierbei in erster
Linie eben um das Methodologische zu tun ist, so glaube ich doch,
daß auch die Ergebnisse meiner Berechnungen trotz des relativ
kleinen Umfanges der ihnen zugrunde liegenden Beobachtungen
einiges Interesse beanspruchen dürfen.

Berlin-Halensee, im Juli 1913.

L. B.

---

[1]) Eine Anregung dazu findet sich bei P. und T. Ehrenfest („Begriffliche
Grundlagen der statistischen Auffassung in der Mechanik", in der Enzyklopädie
der mathematischen Wissenschaften, IV., 32, Nr. 29).

Inhaltsverzeichnis.

1*

§ 1. Beabsichtigt man zu prüfen, ob die Strahlung einer radioaktiven Substanz, sofern sich diese Strahlung in einer Reihe zählbarer Szintillationen äußert, den „Gesetzen des Zufalls" entspricht, so bieten sich hierzu, vom mathematischen Standpunkte aus gesehen, zwei verschiedene Methoden dar.

Entweder man faßt die Zeitabstände zwischen je zwei unmittelbar aufeinanderfolgenden Szintillationen ins Auge und sieht zu, wie sich diese Zeitabstände nach ihrer Größe verteilen, oder aber man richtet seine Aufmerksamkeit auf die Zahlen der Szintillationen, die sich in Zeiträumen von bestimmter Dauer ereignen, und untersucht die Schwankungen dieser Zahlen.

§ 2. Der ersten Betrachtungsweise gemäß erscheint der Zeitabstand zwischen zwei unmittelbar aufeinanderfolgenden Szintillationen als eine Größe, die mit angebbarer Wahrscheinlichkeit verschiedene zwischen 0 und ∞ enthaltene Werte annehmen kann. Es sei die Wahrscheinlichkeit, daß solch ein Zeitabstand größer als z ist, mit $F(z)$ bezeichnet. Demnach läßt sich die Wahrscheinlichkeit, daß er zwischen den Grenzen z und $z + h$ enthalten ist, durch die Differenz $F(z) - F(z + h)$ ausdrücken. Setzt man

$$\operatorname{Lim}\left\{\frac{F(z) - F(z + h)}{h}\right\}_{h=0} = f(z) ,$$

so bedeutet $f(z)\,dz$ die Wahrscheinlichkeit, daß der in Frage stehende Zeitabstand zwischen den Grenzen z und $z + dz$ liegt, und es besteht die Beziehung:

$$f(z) = -F'(z) . \tag{1}$$

Auf die analytische Form der Funktion $f(z)$ führt folgende Betrachtung. Offenbar kann $F(z)$ aufgefaßt werden als Wahrscheinlichkeit, daß, nachdem eine Szintillation stattgefunden hat, die nächste Szintillation nicht eher als nach Ablauf von z Zeiteinheiten stattfindet. Stellt man sich aber auf den Standpunkt, daß die aufeinanderfolgenden Szintillationen voneinander unabhängige Ereignisse sind, so erhält die Funktion $F(z)$ eine allgemeinere Bedeutung: sie stellt die Wahrscheinlichkeit dar, die in jedem beliebigen Zeitpunkt — einerlei, ob in diesem Zeitpunkt eine Szintillation stattfindet oder nicht — dafür besteht, daß sich die nächste Szintillation nicht eher als nach Ablauf von z Zeiteinheiten ereignet. Man hat daher:

$$F(z + h) = F(z) \cdot F(h) , \tag{2}$$

woraus sich, bei $h = $ const., durch Differentiation nach z

$$F'(z + h) = F'(z) \cdot F(h) \qquad (3)$$

ergibt. Dividiert man alsdann (3) durch (2), so findet man:

$$\frac{F'(z + h)}{F(z + h)} = \frac{F'(z)}{F(z)} \quad \text{oder} \quad \frac{F'(z)}{F(z)} = \text{const.}$$

und folglich, da $F(0) = 1$,

$$F(z) = e^{-kz}, \qquad (4)$$

wo k eine Konstante ist, die offenbar positiv sein muß. Schließlich ergibt sich, der Formel (1) zufolge:

$$f(z) = k\, e^{-kz}. \qquad (5)$$

§ 3. Formel (5) bringt die für die Verteilung der in Frage stehenden Zeitabstände nach ihrer Größe maßgebende Norm zum Ausdruck. Um nun zu prüfen, ob diese Norm durch die Erfahrung bestätigt wird, bedarf es in jedem einzelnen Fall der Kenntnis von k. Es ist das nächstliegende, k in der Weise zu bestimmen, daß man die mathematische Erwartung von z, die mit $\mathfrak{E}(z)$ bezeichnet werden möge, dem arithmetischen Durchschnitt der durch das Experiment gelieferten z-Werte gleichsetzt.

Man nehme an, daß im Laufe eines Beobachtungszeitraums der Länge T sich im ganzen L Szintillationen ereignet haben, und zwar zu den Zeiten t_1, t_2 usw. bis t_L, d. h. nach Ablauf von t_1, t_2 usw. bis t_L Zeiteinheiten, z. B. Sekunden, vom Beginn der Beobachtung an gerechnet. Dementsprechend sind durch $z_1 = t_1$, $z_2 = t_2 - t_1$, $z_3 = t_3 - t_2$ bis $z_L = t_L - t_{L-1}$ die in Frage stehenden empirischen Zeitabstände gegeben, und es wäre

$$\mathfrak{E}(z) = \frac{z_1 + z_2 + z_3 + \ldots + z_L}{L} \qquad (6)$$

zu setzen. Aber man hat auf der einen Seite laut Formel (5):

$$\mathfrak{E}(z) = \int_0^\infty k\, e^{-kz} z \, dz$$

oder, wenn $kz = y$ gesetzt wird,

$$\mathfrak{E}(z) = \frac{1}{k} \int_0^\infty y\, e^{-y} \, dy = \frac{1}{k}, \qquad (7)$$

und auf der anderen Seite erhält man:

$$\frac{z_1 + z_2 + \ldots + z_L}{L} = \frac{t_L}{L}. \qquad (8)$$

Daher denn:

$$\frac{1}{k} = \frac{t_L}{L} \qquad (9)$$

oder auch

$$k = \frac{L}{t_L} \, . \tag{10}$$

Ist $\frac{1}{k}$ klein im Verhältnis zu T, so wird man in den Formeln (9) und (10) T für t_L, mithin

$$\frac{1}{k} = \frac{T}{L} \tag{11}$$

bzw.

$$k = \frac{L}{T} \tag{12}$$

setzen können, ohne daß dadurch die numerischen Ergebnisse merklich tangiert würden.

§ 4. Nachdem man die Unbekannte k in der angegebenen Weise aus der Erfahrung bestimmt hat, lassen sich zunächst nach der Formel $L e^{-kz}$, etwa für $z = 1\,\mathrm{sec}$, $z = 2\,\mathrm{sec}$, $z = 3\,\mathrm{sec}$ usw., die erwartungsmäßigen Zahlen der Zeitabstände, die länger als $1\,\mathrm{sec}$, länger als $2\,\mathrm{sec}$, länger als $3\,\mathrm{sec}$ usw. sind, berechnen. Durch sukzessive Subtraktionen erhält man sodann die erwartungsmäßigen Zahlen der Zeitabstände, die in den Grenzen 0 bis $1\,\mathrm{sec}$, 1 bis $2\,\mathrm{sec}$, 2 bis $3\,\mathrm{sec}$ usw. liegen. Schließlich stellt man diesen erwartungsmäßigen Zahlen die entsprechenden empirischen Zahlen gegenüber, wie sie aus einer einfachen Gruppierung der Werte z_1, z_2, z_3 usw. bis z_L nach ihrer Größe hervorgehen.

Auf diesem Verfahren beruht nachstehende von Marsden und Barratt veröffentlichte Tabelle[1]).

Tabelle 1.

Dauer eines Zeitabstandes zwischen zwei sukzessiven Szintillationen (Sekunden)	Zahl der Zeitabstände	
	experimentell festgestellt	berechnet
0—1	3106	3059
1—2	1763	1822
2—3	1115	1085
3—4	658	646
4—5	389	385
5—6	206	229
6—7	130	137
7—8	86	81
8—9	42	49
9—∞	68	71
Summa	7563 (?)	7564

[1]) E. Marsden und T. Barratt, The probability distribution of the time intervals of α particles with Application to the number of α particles emitted by Uranium (Proceedings of the Physical Society of London, Vol. XXIII, London 1911,

Die Tabelle erweckt den Eindruck einer recht guten Übereinstimmung der Theorie mit der Erfahrung. Ein bestimmtes Urteil darüber, ob die Übereinstimmung eine wirklich befriedigende ist, wird jedoch dadurch erschwert, daß die in der Tabelle zutage tretenden Abweichungen der empirischen von den theoretischen Zahlen sich bald größer, bald kleiner erweisen. Es könnte z. B. bezweifelt werden, ob man berechtigt ist, eine Abweichung von ungefähr 10%, wie sie sich für die Gruppe 5—6 sec zeigt, noch als eine zufällige anzusehen. Wollte man diese Abweichung nach dem üblichen Maßstab, d. h. an der Hand des maßgebenden mittleren Fehlers beurteilen, der sich im gegebenen Fall nach der Formel $\sqrt{np(1-p)}$, wo $n = 7564$ und $np = 229$, zu etwa 15 berechnet, so würde man finden, daß die Wahrscheinlichkeit einer Abweichung, welche den festgestellten Betrag von 23, d. h. $229 - 206$, überschreitet, sich auf etwa 0,12 stellt. Die Kleinheit dieser Wahrscheinlichkeit spricht, für sich betrachtet, gegen den rein zufälligen Charakter der in Frage stehenden Abweichung. Aber es wäre zu bedenken, daß es sich hierbei um diejenige Abweichung unter den 10 Abweichungen der Tabelle handelt, welche relativ, d. h. an dem betreffenden mittleren Fehler gemessen, die größte ist und daß so große bzw. noch größere Abweichungen etwa in $^1/_8$ aller Fälle zu erwarten sind. So erscheint das für die Gruppe 5—6 sec gefundene Resultat in einem anderen Licht, wenn man es zu den übrigen Resultaten der Tabelle in Beziehung setzt.

Allgemein gesprochen, läßt sich durch Herausgreifen und isolierte Betrachtung einzelner Elemente aus den zu vergleichenden Zahlenreihen die Frage, ob im gegebenen Fall die Übereinstimmung von Theorie und Erfahrung befriedigend ist, nicht richtig beantworten. Man könnte nun daran denken, jedesmal sämtliche Abweichungen zwischen den beiderseitigen Zahlen darauf zu prüfen, wie sie sich zu den maßgebenden mittleren Fehlern verhalten, um alsdann in dieser oder jener Weise die so gewonnenen numerischen Ergebnisse auf einen Gesamtausdruck zu bringen, der als Kriterium der Übereinstimmung von Theorie und Erfahrung dienen würde. Allein dieses Verfahren gibt zu Bedenken

---

p. 367—373). Die Zahlen der letzten Spalte der Tabelle 1 sind von mir nachgeprüft worden, und es hat sich herausgestellt, daß bei 6—7 sec 137 anstatt 136 und bei 8—9 sec 49 anstatt 48 stehen muß. So ergibt sich auch, in Übereinstimmung mit der Angabe der Verfasser, daß die Gesamtzahl der Abstände 7564 ist, eben diese Zahl statt 7562 als Summe aller Zahlen der letzten Spalte. Die Ursache aber, warum die Summe der empirischen Zahlen um 1 kleiner ist, konnte nicht aufgedeckt werden. — Die von mir in § 2 gegebene Ableitung der Formeln (4) und (5) fällt nicht ganz mit der Art und Weise zusammen, wie Marsden und Barratt zu denselben Formeln gelangen.

Anlaß, weil die einzelnen Abweichungen nicht unabhängig voneinander sind und es nicht abzusehen ist, wie man diesem Umstand Rechnung tragen könnte. Es empfiehlt sich daher, einen anderen Weg einzuschlagen, um das erwünschte Kriterium zu finden. Hierbei sollen die Abweichungen der einzelnen Zeitabstände von ihrer mathematischen Erwartung bzw. von ihrem arithmetischen Durchschnitt zum Ausgangspunkt der Betrachtung gemacht werden.

§ 5. Es bedeute u die Abweichung eines Einzelwertes z von dem betreffenden Erwartungswert, so daß $u = z - \dfrac{1}{k}$. Bezeichnet man ferner mit $\varphi(u)\,du$ die Wahrscheinlichkeit für $z - \dfrac{1}{k}$ in den Grenzen u bis $u + du$ enthalten zu sein, so hat man: $\varphi(u) = f(z)$ und der Formel (5) zufolge:

$$\varphi(u) = k e^{-k\left(\frac{1}{k}+u\right)} \tag{13}$$

oder

$$\varphi(u) = \frac{k}{e}\, e^{-ku} . \tag{14}$$

Durch Formel (14) wird das für die z-Werte, d. h. für die Zeitabstände zwischen zwei unmittelbar aufeinander folgenden Szintillationen maßgebende Fehlergesetz zum Ausdruck gebracht.

Diesem Fehlergesetz zufolge ist die Dichtigkeit der Fehlerwahrscheinlichkeit, d. h. $\varphi(u)$, wie aus (13) hervorgeht, am größten beim kleinsten Wert von u, d. h. bei $u = -\dfrac{1}{k}$; mit wachsendem u wird sie immer kleiner und strebt dem Grenzwert 0 zu.

Bedeutet p' die Wahrscheinlichkeit eines negativen und p'' die eines positiven Fehlers, so hat man:

$$p' = \int_{-\frac{1}{k}}^{0} \varphi(u)\,du, \qquad p'' = \int_{0}^{\infty} \varphi(u)\,du,$$

und man erhält aus (14):

$$p' = \frac{k}{e} \int_{-\frac{1}{k}}^{0} e^{-ku}\,du,$$

welch letztere Formel vermöge der Substitution $-ku = y$ in

$$p' = \frac{1}{e} \int_{0}^{1} e^{y}\,dy = \frac{e-1}{e} = 0{,}6321 \tag{15}$$

übergeht. Dementsprechend ist

$$p'' = \frac{1}{e} = 0{,}3679 \,. \tag{16}$$

Der mittlere (quadratische) Fehler von z läßt sich wie folgt berechnen. Bezeichnet man im allgemeinen mit $\mathfrak{M}(a)$ den mittleren Fehler einer Größe a und mit c_m das Integral $\int\limits_{-\frac{1}{k}}^{\infty} \varphi(u)\, u^m\, du$, so ist zunächst:

$$\mathfrak{M}(z) = \sqrt{c_2} \tag{17}$$

und

$$c_2 = \int\limits_{-\frac{1}{k}}^{\infty} \varphi(u)\, u^2\, du \,. \tag{18}$$

Aus letzterer Formel erhält man sodann, wenn man Formel (13) heranzieht und u durch $z - \frac{1}{k}$ ersetzt:

$$c_2 = \int\limits_{0}^{\infty} k\, e^{-kz} \left(z - \frac{1}{k}\right)^2 dz$$

oder

$$c_2 = \int\limits_{0}^{\infty} k z^2 e^{-kz}\, dz - 2\int\limits_{0}^{\infty} z\, e^{-kz}\, dz + \frac{1}{k}\int\limits_{0}^{\infty} e^{-kz}\, dz \,,$$

woraus, mit Rücksicht auf die bekannte Relation

$$\int\limits_{0}^{\infty} e^{-hx} x^m\, dx = \frac{1 \cdot 2 \ldots m}{h^{m+1}} \,, \tag{19}$$

$$c_2 = \frac{2}{k^2} - \frac{2}{k^2} + \frac{1}{k^2} = \frac{1}{k^2} \tag{20}$$

und schließlich

$$\mathfrak{M}(z) = \frac{1}{k} \tag{21}$$

folgt.

Es hat ein Interesse, gesondert die mathematische Erwartung des Quadrats der negativen und die mathematische Erwartung des Quadrats der positiven Fehler zu bestimmen. Bezeichnet man diese beiden Größen mit c_2' und c_2'', wobei also $c_2' + c_2'' = c_2$, so findet man:

$$c_2' = \frac{k}{e}\int\limits_{-\frac{1}{k}}^{0} e^{-ku} u^2\, du \,, \qquad c_2'' = \frac{k}{e}\int\limits_{0}^{\infty} e^{-ku} u^2\, du \,.$$

Wenn man in dem Ausdruck für c_2' $-ku = y$ setzt, so erhält man:

$$c_2' = \frac{1}{e\,k^2} \int\limits_0^1 e^y y^2 \, dy \, .$$

Die Integration durch Teilung ergibt:

$$\int\limits_0^1 e^y y^2 \, dy = e - 2 \int\limits_0^1 e^y y \, dy \, ,$$

$$\int\limits_0^1 e^y y \, dy = e - (e - 1) = 1 \tag{22}$$

und schließlich

$$\int\limits_0^1 e^y y^2 \, dy = e - 2 \, . \tag{23}$$

Daher denn:

$$c_2' = \frac{e - 2}{e\,k^2} \, . \tag{24}$$

Auf den Ausdruck für c_2'' findet aber Formel (19) Anwendung, und man erhält, in Übereinstimmung mit Formel (20):

$$c_2'' = \frac{2}{e\,k^2} \, . \tag{25}$$

Was den durchschnittlichen (arithmetischen) Fehler von z anlangt, so ist er, wenn im allgemeinen $\mathfrak{D}(a)$ den durchschnittlichen Fehler einer Größe a bedeuten soll, durch

$$\mathfrak{D}(z) = - \int\limits_{-\frac{1}{k}}^{0} \varphi(u)\, u \, du + \int\limits_0^\infty \varphi(u)\, u \, du$$

gegeben.

Mit Hilfe der Substitution $-ku = y$ erhält man auf Grund der Formeln (14) und (22):

$$- \int\limits_{-\frac{1}{k}}^{0} \varphi(u)\, u \, du = \frac{1}{e\,k} \int\limits_0^1 e^y y \, dy = \frac{1}{e\,k} \, ,$$

und aus den Formeln (14) und (19) folgt:

$$\int\limits_0^\infty \varphi(u)\, u \, du = \frac{k}{e} \cdot \frac{1}{k^2} = \frac{1}{e\,k} \, ,$$

so daß man zu

$$\mathfrak{D}(z) = \frac{2}{e\,k} \tag{26}$$

gelangt.

Demnach verhält sich im gegebenen Fall der durchschnittliche zum mittleren Fehler wie $\dfrac{2}{e}$ zu 1 oder wie 0,7358 zu 1.

Man betrachte noch in diesem Zusammenhang den mittleren Fehler von u^2 und den mittleren Fehler von $|u|$, wobei unter $|u|$ der absolute Wert von u zu verstehen ist. Es ist

$$\mathfrak{M}(u^2) = \sqrt{\mathfrak{E}\left\{\left(u^2 - \frac{1}{k^2}\right)^2\right\}}$$

oder

$$\mathfrak{M}^2(u^2) = c_4 - \frac{1}{k^4},$$

wo

$$c_4 = \int\limits_{-\frac{1}{k}}^{\infty} \varphi(u)\, u^4\, du.$$

Es sei

$$\int\limits_{-\frac{1}{k}}^{0} \varphi(u)\, u^4\, du = c_4', \qquad \int\limits_{0}^{\infty} \varphi(u)\, u^4\, du = c_4'',$$

so daß $c_4 = c_4' + c_4''$. Setzt man in dem Ausdruck für c_4' $-ku = y$, so findet man:

$$c_4' = \frac{1}{e\, k^4} \int\limits_{0}^{1} e^y\, y^4\, dy.$$

Ferner hat man:

$$\int\limits_{0}^{1} e^y\, y^4\, dy = e - 4 \int\limits_{0}^{1} e^y\, y^3\, dy,$$

$$\int\limits_{0}^{1} e^y\, y^3\, dy = e - 3 \int\limits_{0}^{1} e^y\, y^2\, dy$$

und, mit Rücksicht auf (23),

$$\int\limits_{0}^{1} e^y\, y^4\, dy = e - 4\{e - 3(e - 2)\} = 9e - 24,$$

woraus

$$c_4' = \frac{9}{k^4} - \frac{24}{e\, k^4}$$

folgt. Andererseits ergibt Formel (19):

$$c_4'' = \frac{24}{e\, k^4}.$$

Daher denn:

$$c_4 = \frac{9}{k^4} \qquad (27)$$

und

$$\mathfrak{M}(u^2) = \frac{2\sqrt{2}}{k^2} \cdot \qquad (28)$$

Der mittlere Fehler von $|u|$ ist durch

$$\mathfrak{M}(|u|) = \sqrt{\mathfrak{E}\left\{\left(|u| - \frac{2}{ek}\right)^2\right\}}$$

gegeben, und auf Grund der Formeln (20) und (26) erhält man:

$$\mathfrak{M}^2(|u|) = \frac{1}{k^2} - \frac{4}{e^2 k^2} = \frac{e^2 - 4}{e^2 k^2}\,,$$

somit

$$\mathfrak{M}(|u|) = \frac{\sqrt{e^2 - 4}}{ek} \qquad (29)$$

oder auch

$$\mathfrak{M}(|u|) = \frac{0{,}6772}{k} \cdot \qquad (30)$$

§ 6. Hat nun das Experiment, wie in § 3 angenommen worden ist, die z-Werte z_1, z_2, z_3 usw. bis z_L geliefert, und ist

$$\frac{1}{L}\sum_i^L z_i = \frac{1}{k} \qquad \text{bzw.} \qquad \frac{T}{L} = \frac{1}{k}$$

gesetzt worden, so folgt aus (21):

$$\mathfrak{M}\left(\frac{T}{L}\right) = \frac{1}{k\sqrt{L}} \cdot \qquad (31)$$

An der Hand dieser Formel läßt sich die Genauigkeit des für $\frac{1}{k}$ ermittelten Zahlenwertes beurteilen. In dem Beispiel des § 4 erhält man, bei $\frac{T}{L} = 1{,}930$, $\mathfrak{M}\left(\frac{T}{L}\right) = 0{,}018$.

Um aber zu einem Urteil darüber zu gelangen, inwiefern die in diesem Beispiel konstatierte Verteilung der z_i-Werte nach ihrer Größe mit der Wahrscheinlichkeitstheorie übereinstimmt, könnte man den Durchschnitt $\frac{1}{L}\sum_i^L u_i^2$ bilden, wo $u_i = z_i - \frac{1}{k}$, und diesen Durchschnitt, der Formel (20) gemäß, mit $\frac{1}{k^2}$ vergleichen. Dabei würde die absolute Größe der Differenz $\frac{1}{L}\sum_{1}^{L}{}_i u_i^2 - \frac{1}{k^2}$ an der Hand des Ausdrucks $\frac{2}{k^2}\sqrt{\frac{2}{L}}$ zu beurteilen sein, weil man auf Grund von (28) erhält:

$$\mathfrak{M}\left(\frac{1}{L}\sum_{1}^{L}{}_i u_i^2\right) = \frac{2}{k^2}\sqrt{\frac{2}{L}} \cdot \tag{32}$$

Hier soll jedoch, mit Rücksicht darauf, daß die empirischen z-Werte nach Größenklassen von relativ großer Spannweite gruppiert vorliegen, wodurch eine einigermaßen befriedigende numerische Auswertung von $\frac{1}{L}\sum_{1}^{L}{}_i u_i^2$ unmöglich gemacht wird, statt des mittleren Fehlers der durchschnittliche Fehler von z ins Auge gefaßt werden. Somit erscheinen als die einander gegenüberzustellenden Größen auf der einen Seite $\frac{1}{L}\sum_{1}^{L}{}_i |u_i|$ und auf der anderen Seite, der Formel (26) entsprechend, $\frac{2}{e\,k}$, wobei die Abweichung der einen dieser beiden Größen von der anderen an der Hand der Formel

$$\mathfrak{M}\left(\frac{1}{L}\sum_{1}^{L}{}_i |u_i|\right) = \frac{0,6772}{k\sqrt{L}} \, , \tag{33}$$

die aus (30) folgt, zu beurteilen sein wird.

Allerdings kann auch der Ausdruck $\frac{1}{L}\sum_{1}^{L}{}_i |u_i|$ beim gegebenen Sachverhalt nicht genau berechnet werden, aber es liegt die Möglichkeit vor, für diesen Ausdruck eine gute Annäherung zu finden, und zwar auf folgendem Wege.

Es sei L' bzw. T' die Zahl bzw. die Summe derjenigen z_i-Werte, die kleiner als $\frac{1}{k}$ sind, und L'' bzw. T'' die Zahl bzw. die Summe derjenigen z_i-Werte, die größer als $\frac{1}{k}$ sind. Dementsprechend erhält man:

$$\sum_{1}^{L}{}_i |u_i| = \frac{1}{k}L' - T' + T'' - \frac{1}{k}L''$$

und

$$\frac{1}{L}\sum_{1}^{L}{}_i |u_i| = \frac{T'' - T' + \frac{1}{k}(L' - L'')}{L} \cdot \tag{34}$$

Nebenbei bemerkt, lassen sich aus dieser Formel, auf Grund der Relationen $L' + L'' = L$, $T' + T'' = T$ und $\dfrac{T}{L} = \dfrac{1}{k}$, entweder L'' und T'' oder L' und T' eliminieren, was zu den beiden „gleichberechtigten" Formeln

$$\frac{1}{L} \sum_1^L{}^i |u_i| = \frac{2\left(\dfrac{1}{k} L' - T'\right)}{L}$$

und

$$\frac{1}{L} \sum_1^L{}^i |u_i| = \frac{2\left(T'' - \dfrac{1}{k} L''\right)}{L}$$

führt, aus denen durch Zusammenaddierung und Halbierung wieder Formel (34) hervorgeht.

Man führe alsdann die Bezeichnung $G(z)$ ein für die empirische Zahl der z_i-Werte, die größer als z sind, so daß $L' = L - G\left(\dfrac{1}{k}\right)$ und $L'' = G\left(\dfrac{1}{k}\right)$, und betrachte $G(z)$ zwecks der in Frage stehenden Näherungsberechnung als stetige Funktion von z. Setzt man noch

$$-\frac{dG(z)}{dz} = g(z),$$

so kommt man auf die Formeln:

$$T' = \int_0^{\frac{1}{k}} g(z)\, z\, dz, \qquad T'' = \int_{\frac{1}{k}}^{\infty} g(z)\, z\, dz,$$

die durch partielle Integration in

$$T' = \int_0^{\frac{1}{k}} G(z)\, dz - \frac{1}{k} L'' \tag{35}$$

und

$$T'' = \int_{\frac{1}{k}}^{\infty} G(z)\, dz + \frac{1}{k} L'' \tag{36}$$

übergehen. Auf Grund von (35) und (36) verwandelt sich (34) in

$$\frac{1}{L} \sum_1^L{}^i |u_i| = \frac{1}{k} - \frac{\displaystyle\int_0^{\frac{1}{k}} G(z)\, dz - \int_{\frac{1}{k}}^{\infty} G(z)\, dz}{L}, \tag{37}$$

und so läuft die Frage der Berechnung von $\dfrac{1}{L}\sum\limits_{1}^{L}|u_i|$ auf die Integration der Funktion $G(z)$ hinaus.

Setzt man der Kürze halber

$$\int\limits_{0}^{\frac{1}{k}} G(z)\,dz - \int\limits_{\frac{1}{k}}^{\infty} G(z)\,dz = A \tag{38}$$

und berücksichtigt man, daß $\dfrac{1}{k} = 1{,}930$, so läßt sich folgende Formel aufstellen:

$$A = \int\limits_{0}^{2} G(z)\,dz - \int\limits_{2}^{8} G(z)\,dz - 2\int\limits_{1,93}^{2} G(z)\,dz - \int\limits_{8}^{\infty} G(z)\,dz \,. \tag{39}$$

Unmittelbar gegeben sind die Werte $G(0)$, $G(1)$, $G(2)$ usw. bis $G(9)$. Der Tabelle 1 zufolge hat man nämlich:

$$G(0) = 7564 \qquad G(4) = 922 \qquad G(7) = 197$$
$$G(1) = 4458 \qquad G(5) = 533 \qquad G(8) = 111$$
$$G(2) = 2695 \qquad G(6) = 327 \qquad G(9) = 69$$
$$G(3) = 1580$$

Außerdem kann man mit Rücksicht auf die Kleinheit der Differenz zwischen 1,93 und 2,00 den Wert $G(1{,}93)$ hinreichend genau mittels linearer Interpolation bestimmen. Man findet: $G(1{,}93) = 2818$. [Die logarithmische Interpolation ergibt: $G(1{,}93) = 2792$.] Nun läßt sich das erste Glied in dem Ausdruck von A nach der Cotesschen Methode aus

$$\int\limits_{0}^{2} G(z)\,dz = \tfrac{1}{3}\{G(0) + 4\,G(1) + G(2)\}\,, \tag{40}$$

das zweite nach der Simpsonschen Formel aus

$$\int\limits_{2}^{8} G(z)\,dz = \tfrac{1}{3}\{G(2) + G(8) + 4[G(3) + G(5) + G(7)] + 2[G(4) + G(6)]\}\,, \tag{41}$$

das dritte nach der Trapezformel aus

$$2\int\limits_{1,93}^{2} G(z)\,dz = 0{,}07\,\{G(1{,}93) + G(2)\} \tag{42}$$

berechnen. Man findet:

$$\int\limits_{0}^{2} G(z)\,dz = 9364\,, \qquad \int\limits_{2}^{8} G(z)\,dz = 4848\,, \qquad 2\int\limits_{1,93}^{2} G(z)\,dz = 386\,.$$

Was aber das vierte Glied in der zu bestimmenden Summe anlangt, so bleibt nichts anderes übrig, als anzunehmen, daß von

$z = 8$ an die Funktion $G(z)$ durch $G(8)\,e^{-k(z-8)}$ dargestellt werden kann und demgemäß zu setzen:

$$\int_{8}^{\infty} G(z)\,dz = \frac{1}{k}\,G(8) = 1{,}93 \cdot 111 = 214 .$$

Auf diese Weise erhält man:

$$A = 9364 - 4848 - 386 - 214 = 3916$$

und laut Formel (37)

$$\frac{1}{L}\sum_{1}^{L}|u_i| = 1{,}930 - \frac{3916}{7564} = 1{,}412 .$$

Bei dieser Berechnungsweise könnte daran Anstoß genommen werden, daß als Summe aller z_i-Werte $9364 + 4848 + 214 = 14426$ herauskommt, während die durch die Erfahrung festgestellte Summe 14598 ist. Man könnte daran denken, den fehlenden Betrag von 172 auf die beiden Summen T' und T'' anteilmäßig zu repartieren. Es ergäbe sich, statt

$$T' = 9364 - \frac{386}{2} - 1{,}93 \cdot 2818 = 3733$$

und

$$T'' = 4848 + 214 + \frac{386}{2} + 1{,}93 \cdot 2818 = 10693 ,$$

$$T' = \frac{14598}{14426} \cdot 3733 = 3777$$

und

$$T'' = \frac{14598}{14426} \cdot 10693 = 10821 ,$$

so daß man laut Formel (34) erhielte:

$$\frac{1}{L}\sum_{1}^{L}|u_i| = \frac{10821 - 3777 + 1{,}93\,(4746 - 2818)}{7564} = 1{,}423 .$$

Sollte man es hingegen für angemessener halten, den fehlenden Betrag von 172 auf die beiden Summen T' und T'' im Verhältnis nicht zu diesen Summen selbst, sondern zu den Zahlen L' und L'' zu verteilen, so ergäbe sich:

$$T' = 3733 + \frac{4746}{7564} \cdot 172 = 3841 ,$$

$$T'' = 10693 + \frac{2818}{7564} \cdot 172 = 10757 ,$$

und es wäre

$$\frac{1}{L} \sum_{1}^{L} |u_i| = \frac{10\,757 - 3841 + 1,93 \cdot (4746 - 2818)}{7564} = 1,406 \, .$$

Vergleicht man nun die so ermittelten drei empirischen Werte von $\frac{1}{L} \sum_{1}^{L} |u_i|$, nämlich 1,412, 1,423 und 1,406 (im Durchschnitt 1,414) mit dem entsprechenden theoretischen Wert, der sich nach Formel (26) auf $\frac{2}{ek} = 1,420$ stellt, und berücksichtigt man zugleich, daß der mittlere Fehler von $\frac{1}{L} \sum_{1}^{L} |u_i|$ sich nach Formel (33) zu $\frac{0,6772}{k\sqrt{L}} = 0,015$ berechnet, so wird man in diesem Fall von einer befriedigenden Übereinstimmung zwischen Theorie und Erfahrung wohl sprechen dürfen.

§ 7. Es wirkt freilich bis zu einem gewissen Grad störend, daß die Größen T' und T'' nur näherungsweise ermittelt werden konnten. Es ist aber nicht außer acht zu lassen, daß hierbei an der Verteilung der Zeitabstände auf die verschiedenen Größenklassen nichts geändert worden ist (von den beiden höchsten Größenklassen abgesehen, die zu einer Größenklasse zusammengefaßt worden sind) und daß die Anwendung der Cotesschen Methode bzw. der Simpsonschen Formel sicherlich mit keinem systematischen Fehler verbunden ist. Letzteres erhellt aus der Tatsache am besten, daß die Simpsonsche Formel, angewandt auf die entsprechende theoretische Zahlenreihe (Tabelle 1, letzte Spalte), fast genau dasselbe numerische Resultat liefert wie die betreffende exakte Integrationsformel. Man findet nämlich:

$$\tfrac{1}{3} L \{F(0) + F(8) + 4\,[F(1) + F(3) + F(5) + F(7)]$$
$$+ 2\,[F(2) + F(4) + F(6)]\} = 14\,371$$

und

$$L \int_{8}^{\infty} F(z)\, dz = \frac{1}{k} \cdot L \cdot F(8) = 232 \, ,$$

somit

$$14\,371 + 232 = 14\,603$$

statt 14\,598, so daß der angenäherte von dem exakten Wert um 5 abweicht.

Daß dieses günstige Ergebnis nicht etwa auf Zufall beruht, geht aus der Betrachtung des Restgliedes zu der Formel, welche den Wert 14\,371 geliefert hat, hervor.

Man setze:

$$L \int_0^8 F(z)\,dz = \tfrac{1}{3} L \left\{ F(0) + F(8) + 4\,[F(1) + F(3) + F(5) + F(7)] \atop \qquad\qquad + 2\,[F(2) + F(4) + F(6)] \right\} + R\,. \tag{43}$$

Für R lassen sich in folgender Weise ein unterer und ein oberer Grenzwert bestimmen. Man hat

$$\int_{2j}^{2j+2} F(z)\,dz = \tfrac{1}{3}\{F(2j) + 4F(2j+1) + F(2j+2)\} + r_j\,, \tag{44}$$

wo

$$r_j = -\frac{1}{90}\,\frac{d^4 F(\xi)}{dz^4}$$

und $2j < \xi < 2j + 2$[1]). Aus $F(z) = e^{-kz}$ folgt aber:

$$\frac{d^4 F(z)}{dz^4} = k^4 F(z)$$

und daher

$$r_j > -\frac{k^4 F(2j)}{90}\,, \qquad r_j < -\frac{k^4 F(2j+2)}{90}\,.$$

Nun läßt sich aber Formel (43) auch so darstellen:

$$L \int_0^8 F(z)\,dz = \tfrac{1}{3} L \sum_0^3{}^j \{F(2j) + 4F(2j+1) + F(2j+2)\} + R\,,$$

woraus, mit Rücksicht auf (44),

$$R = L \sum_0^3{}^j r_j$$

und, mit Rücksicht auf die obigen Ungleichungen,

$$R > -\frac{k^4 L}{90}\{F(0) + F(2) + F(4) + F(6)\}$$

und

$$R < -\frac{k^4 L}{90}\{F(2) + F(4) + F(6) + F(8)\}$$

folgt. Die numerische Auswertung der beiden letzten Formeln ergibt:

$$R > -9{,}2\,, \qquad R < -2{,}5\,.$$

Dies besagt, daß der genaue Wert von $L \int_0^\infty F(z)\,dz$ zwischen den Grenzen $14\,603 - 9{,}2 = 14\,593{,}8$ und $14\,603 - 2{,}5 = 14\,600{,}5$ liegen muß. Der arithmetische Durchschnitt dieser beiden Grenzwerte ist $14\,597{,}1$ und kommt dem betreffenden genauen Wert $(14\,598)$ sehr nahe.

---

[1]) A. Markoff, Differenzenrechnung. 1. Teil. St. Petersburg 1889 (russisch), S. 75.

§ 8. Die zweite der beiden in § 1 unterschiedenen Methoden, die dazu dienen, experimentelle Daten über die radioaktive Strahlung einer wahrscheinlichkeitstheoretischen Prüfung zu unterziehen, beruht darauf, daß der ganze Zeitraum, über den sich das Experiment erstreckt, in soundso viele Zeitstrecken zerlegt und daß für jede Zeitstrecke die Zahl der auf dieselbe entfallenden Szintillationen registriert wird.

Es soll zunächst angenommen werden, daß diese Zeitstrecken oder Intervalle von gleicher Dauer sind. Es sei ihre Zahl s und τ die Länge eines Intervalles, so daß $s\tau = T$ die Länge des ganzen Beobachtungszeitraumes angibt. Es sollen ferner mit x_1, x_2, x_3 usw. bis x_s die Zahlen der Szintillationen bezeichnet werden, die sich im 1., 2., 3., ... $s$ten Intervall ereignet haben, so daß $x_1 + x_2 + x_3 + \ldots + x_s = L$ die Gesamtzahl der in der Zeit T stattgehabten Szintillationen darstellt.

Man bezeichne alsdann mit $w_{x,t}$ die Wahrscheinlichkeit, daß x Szintillationen in der Zeit von 0 bis t vorkommen. Dieser Bezeichnungsweise gemäß hat man offenbar

$$w_{0,t} = F(t)$$

oder auch, der Formel (4) zufolge,

$$w_{0,t} = e^{-kt} \tag{45}$$

als Wahrscheinlichkeit dafür, daß sich in der Zeit von 0 bis t keine Szintillation ereignet, während $1 - e^{-kt}$ die Wahrscheinlichkeit ausdrückt, daß in der Zeit von 0 bis t mindestens eine Szintillation stattfindet.

Gesetzt, der Abstand zwischen zwei unmittelbar aufeinanderfolgenden Szintillationen könnte nicht kleiner als $\varDelta t$ sein, so hätte man:

$$w_{2,\varDelta t} = w_{3,\varDelta t} = \ldots = 0,$$

und da andrerseits

$$w_{0,\varDelta t} + w_{1,\varDelta t} + w_{2,\varDelta t} + w_{3,\varDelta t} + \ldots = 1,$$

so wäre

$$w_{1,\varDelta t} = 1 - w_{0,\varDelta t}$$

oder auch

$$w_{1,\varDelta t} = 1 - e^{-k\varDelta t}.$$

Hieraus folgt

$$\mathrm{Lim} \left\{ \frac{w_{1,\varDelta t}}{\varDelta t} \right\}_{\varDelta t = 0} = k, \tag{46}$$

und dementsprechend ist, unter der Voraussetzung, daß der Abstand zwischen zwei konsekutiven (d. h. unmittelbar aufeinanderfolgenden) Szintillationen beliebig klein sein kann, durch kdt die

Wahrscheinlichkeit gegeben, die in jedem beliebigen Zeitpunkt dafür besteht, daß in dem nächsten unendlich kleinen Zeitintervall dt eine Szintillation stattfindet. Die Konstante k möge man als „erwartungsmäßige Häufigkeit der Szintillationen" bezeichnen.

Man denke sich weiter den Zeitraum 0 bis t in unendlich viele unendlich kleine Zeitintervalle zerlegt, die jeweils mit t_1 beginnen und mit $t_1 + dt_1$ endigen, so daß t_1 die Werte 0, dt_1, $2 dt_1$ usw. bis $t - dt_1$ durchläuft[1]). Demgemäß kann $w_{x,t}$ aufgefaßt werden als additiv zusammengesetzt aus unendlich vielen unendlich kleinen Wahrscheinlichkeiten, die dafür bestehen, daß eine Szintillation in der Zeit t_1 bis $t_1 + dt_1$ zum $x$ten Mal eintritt (immer vom Zeitpunkt 0 an gerechnet) und daß in der Zeit $t_1 + dt_1$ bis t keine Szintillation mehr stattfindet. Bedenkt man aber, daß damit die Szintillation, die sich in der Zeit t_1 bis $t_1 + dt_1$ ereignet, die $x$te sei, sich in der Zeit 0 bis t_1 $x - 1$ Szintillationen ereignet haben müssen, so findet man, mit Rücksicht auf (45) und (46),

$$w_{x-1,\,t_1} \cdot k\, dt_1 \cdot e^{-k(t-t_1)}$$

als allgemeinen Ausdruck der unendlich kleinen Wahrscheinlichkeiten, aus denen $w_{x,t}$ zusammengesetzt ist, woraus folgt, daß

$$w_{x,t} = \int_0^t w_{x-1,\,t_1}\, k\, e^{-k(t-t_1)}\, dt_1 \,. \tag{47}$$

In derselben Weise erhält man, wenn man die neuen unabhängigen Veränderlichen t_2, t_3 usw. einführt:

$$\left.\begin{aligned}
w_{x-1,\,t_1} &= \int_0^{t_1} w_{x-2,\,t_2}\, k\, e^{-k(t_1-t_2)}\, dt_2 \,, \\[1em]
w_{x-2,\,t_2} &= \int_0^{t_2} w_{x-3,\,t_3}\, k\, e^{-k(t_2-t_3)}\, dt_3 \,, \\[1em]
&\;\cdot\;\cdot\;\cdot\;\cdot\;\cdot\;\cdot\;\cdot\;\cdot\;\cdot\;\cdot\;\cdot \\
&\;\cdot\;\cdot\;\cdot\;\cdot\;\cdot\;\cdot\;\cdot\;\cdot\;\cdot\;\cdot\;\cdot \\
&\;\cdot\;\cdot\;\cdot\;\cdot\;\cdot\;\cdot\;\cdot\;\cdot\;\cdot\;\cdot \\[1em]
w_{2,\,t_{x-2}} &= \int_0^{t_{x-2}} w_{1,\,t_{x-1}}\, k\, e^{-k(t_{x-2}-t_{x-1})}\, dt_{x-1} \,, \\[1em]
w_{1,\,t_{x-1}} &= \int_0^{t_{x-1}} e^{-k t_x}\, k\, e^{-k(t_{x-1}-t_x)}\, dt_x \,.
\end{aligned}\right\} \tag{48}$$

---

[1]) Hier haben das Symbol t_1 und die weiter unten im Text auftretenden Symbole t_2, t_3 usw. eine ganz andere Bedeutung als im § 3.

Auf Grund des Formelsystems (48) verwandelt sich (47) durch sukzessive Substitutionen in:

$$w_{x,t} = k^x e^{-kt} \int\limits_{0}^{t}\int\limits_{0}^{t_1} \ldots \int\limits_{0}^{t_{x-1}} dt_1\, dt_2 \ldots dt_x \,. \tag{49}$$

Des weiteren findet man:

$$\int\limits_{0}^{t}\int\limits_{0}^{t_1} \ldots \int\limits_{0}^{t_{x-1}} dt_1\, dt_2 \ldots dt_x = \int\limits_{0}^{t}\int\limits_{0}^{t_1} \ldots \int\limits_{0}^{t_{x-2}} t_{x-1}\, dt_1\, dt_2 \ldots dt_{x-1}$$

$$= \int\limits_{0}^{t}\int\limits_{0}^{t_1} \ldots \int\limits_{0}^{t_{x-3}} \frac{t_{x-2}^2}{1\cdot 2}\, dt_1\, dt_2 \ldots dt_{x-2} = \int\limits_{0}^{t}\int\limits_{0}^{t_1} \ldots \int\limits_{0}^{t_{x-4}} \frac{t_{x-3}^3}{1\cdot 2\cdot 3}\, dt_1\, dt_2 \ldots dt_{x-3}$$

$$= \ldots = \int\limits_{0}^{t_{x-1}} \frac{t_1^{x-1}}{1\cdot 2\cdot 3 \ldots (x-1)}\, dt_1 = \frac{t^x}{1\cdot 2\cdot 3 \ldots x}\,.$$

Daher denn:

$$w_{x,t} = \frac{(k\,t)^x\, e^{-kt}}{1\cdot 2\cdot 3 \ldots x}\,. \tag{50}$$

Demnach ist durch $\dfrac{(k\,\tau)^x\, e^{-k\tau}}{1\cdot 2\cdot 3 \ldots x}$ die Wahrscheinlichkeit gegeben, daß sich in einem Zeitintervall der Länge τ x Szintillationen ereignen, und es läßt sich untersuchen, ob die durch Experiment festgestellten Zahlen $x_1, x_2 \ldots x_s$ mit dieser Formel im Einklang stehen. Hierzu braucht man nur diese Zahlen nach ihrer Größe zu gruppieren und die wirkliche mit der erwartungsmäßigen Besetzung jeder Gruppe zu vergleichen. Man bezeichne mit l_x die Zahl der x_i-Werte, die gleich x sind. Demnach ist $\Sigma l_x x = L$, wobei die angegebene Summierung sich auf alle Werte von x, von 0 bzw. 1 angefangen, bis zum höchsten der festgestellten x_i-Werte erstreckt. Man hat nun:

$$\mathfrak{E}(l_x) = s\, w_{x,\tau}$$

oder, wenn man die neue Bezeichnung $k\tau = m$ einführt,

$$\mathfrak{E}(l_x) = \frac{s\, m^x\, e^{-m}}{1\cdot 2 \ldots x}\,. \tag{51}$$

Da, der Formel (12) zufolge, $k = \dfrac{L}{T}$ und andererseits $\tau = \dfrac{T}{s}$, so läßt sich m aus

$$m = \frac{L}{s} \tag{52}$$

bestimmen.

Der mittlere Fehler von $\dfrac{L}{s}$ kann leicht berechnet werden. Dabei ist von

$$\frac{L}{s} = \frac{1}{s} \sum_{1}^{s} x_i$$

auszugehen. Dementsprechend bestimme man zuerst den mittleren Fehler von x_i und bediene sich dazu der bekannten Relation

$$\mathfrak{M}^2(x_i) = \mathfrak{E}(x_i^2) - \mathfrak{E}^2(x_i) . \tag{53}$$

Was $\mathfrak{E}(x_i)$ anlangt, so findet man zunächst

$$\mathfrak{E}(x_i) = \sum_{0}^{\infty} \frac{m^x e^{-m}}{1 \cdot 2 \ldots x} x ,$$

sodann

$$\mathfrak{E}(x_i) = m \sum_{1}^{\infty} \frac{m^{x-1} e^{-m}}{1 \cdot 2 \ldots (x-1)} = m \sum_{0}^{\infty} \frac{m^x e^{-m}}{1 \cdot 2 \ldots x}$$

und schließlich

$$\mathfrak{E}(x_i) = m . \tag{54}$$

In ähnlicher Weise läßt sich $\mathfrak{E}(x_i^2)$ bestimmen. Es ist nämlich:

$$\mathfrak{E}(x_i^2) = \sum_{0}^{\infty} \frac{m^x e^{-m}}{1 \cdot 2 \ldots x} x^2$$

oder

$$\mathfrak{E}(x_i^2) = m \sum_{1}^{\infty} \frac{m^{x-1} e^{-m}}{1 \cdot 2 \ldots (x-1)} x = m \sum_{0}^{\infty} \frac{m^x e^{-m}}{1 \cdot 2 \ldots x} (x+1) ,$$

woraus auf Grund von (54)

$$\mathfrak{E}(x_i^2) = m^2 + m \tag{55}$$

folgt. Daher denn, mit Rücksicht auf (53):

$$\mathfrak{M}(x_i) = \sqrt{m} , \tag{56}$$

somit

$$\mathfrak{M}\left(\frac{1}{s} \sum_{1}^{s} x_i \right) = \sqrt{\frac{m}{s}}$$

oder auch

$$\mathfrak{M}\left(\frac{L}{s} \right) = \sqrt{\frac{m}{s}} . \tag{57}$$

Wie aus letzterer Formel zu ersehen ist, läßt sich m nur unter der Bedingung mit einiger Sicherheit aus der Erfahrung ermitteln, daß s entsprechend groß ist. Selbstverständlich muß diese Bedingung auch erfüllt sein, soll ein Vergleich zwischen den Werten l_x und $s\,w_{x,\tau}$ von Interesse sein.

§ 9. Als Beispiel der in § 8 dargelegten Verfahrungsweise kann eine Untersuchung von Rutherford und Geiger dienen, bei der es sich um Ausstrahlungen des Poloniums gehandelt hat[1]). Ihre empirische Grundlage bilden vier Versuchsserien, denen ein gemeinsamer Wert von τ, nämlich $1/_8$ Minute, und ungleiche Werte von L, s und m entsprechen. Diese Werte sollen denn auch nunmehr mit L_j, s_j und m_j bezeichnet werden, wobei j die Ordnungsnummer der Versuchsserie, auf die sich der betreffende Wert bezieht, angibt. In Übereinstimmung damit soll mit $l_x^{(j)}$ die Zahl der τ-Intervalle in der $j$ten Versuchsserie bezeichnet werden, in denen je x Szintillationen registriert worden sind. In nachstehender Tabelle beziehen sich die Zahlen der Spalten 2 bis 5 auf die vier verschiedenen Versuchsserien, während die Zahlen der Spalte 6 durch Zusammenfassung der vier Versuchsserien entstanden sind.

Tabelle 2.

	I	*II*	*III*	*IV*	*I—IV*
1	2	8	4	5	6
L_j	3179	2334	2373	2211	10 097
s_j	792	596	632	588	2 608
m_j	4,01	3,92	3,75	3,76	3,87
x	$l_x^{(I)}$	$l_x^{(II)}$	$l_x^{(III)}$	$l_x^{(IV)}$	$\sum_{I}^{IV} l_x^{(j)}$
0	15	17	15	10	57
1	56	39	56	52	203
2	106	88	97	92	383
3	152	116	139	118	525
4	170	120	118	124	532
5	122	98	96	92	408
6	88	63	60	62	273
7	50	37	26	26	139
8	17	4	18	6	45
9	12	9	3	3	27
10	3	4	3	—	10
11	—	1	1	2	4
12	—	—	—	—	—
13	1	—	—	—	1
14	—	—	—	1	1

Den empirischen Werten $l_x^{(j)}$ sind nun als theoretische Werte die nach Formel (51) sich ergebenden erwartungsmäßigen Zahlen $\mathfrak{E}(l_x^{(j)})$ gegenüberzustellen. Diese Zahlen sind die folgenden:

---

[1]) E. Rutherford and H. Geiger, The probability variations in the distrition of α-particles. With a note by H. Bateman (Philosophical Magazine. Sixth Series, Vol. 20, 1910, p. 698—707). Hier wird die für die Untersuchung grundlegende Formel (50) meiner Darstellung von Bateman (mit Hilfe eines Systems von Differentialgleichungen) in anderer Weise als es in § 8 geschehen ist, abgeleitet.

Tabelle 3.

	I	II	III	IV	I—IV
1	2	8	4	5	6
x	$\mathfrak{E}(l_x^{(I)})$	$\mathfrak{E}(l_x^{(II)})$	$\mathfrak{E}(l_x^{(III)})$	$\mathfrak{E}(l_x^{(IV)})$	$\sum_{I}^{IV}{}^{j}\,\mathfrak{E}(l_x^{(j)})$
0	14,3	11,9	14,8	13,7	54,7
1	57,4	46,5	55,5	51,5	210,9
2	115,2	91,0	104,3	96,8	407,3
3	154,2	118,8	130,5	121,3	524,8
4	154,7	116,3	122,5	114,0	507,5
5	124,2	91,1	92,0	85,7	393,0
6	83,1	59,5	57,6	53,7	253,9
7	47,7	33,3	30,9	28,9	140,8
8	23,9	16,3	14,5	13,6	68,3
9	10,7	7,1	6,0	5,7	29,5
10	4,3	2,8	2,3	2,1	11,5
11	1,6	1,0	0,8	0,7	4,1
12	0,5	0,3	0,2	0,2	1,2
13	0,2	0,1	0,1	0,1	0,5

Bei Rutherford und Geiger sind nur die Zahlen der 6. Spalte dieser Tabelle angeführt[1]), was darin begründet ist, daß es auf einen Vergleich gerade dieser Zahlen mit den korrespondierenden Zahlen der 5. Spalte der Tabelle 2 ankommt, will man sich ein Gesamturteil darüber bilden, inwiefern Theorie und Erfahrung in diesem Fall übereinstimmen. Aber die Rutherford-Geigerschen theoretischen Zahlen sind nicht durch Summierung von je vier auf die einzelnen Versuchsserien sich beziehenden Zahlen gewonnen, sondern sie sind, wie eine Nachprüfung ergeben hat, nach der Formel

$$\frac{m_0^x\, e^{-m_0}}{1\cdot 2\cdot 3\ldots x}\sum_{I}^{IV}{}^{j}\, s_j \qquad (58)$$

berechnet worden, worin

$$m_0 = \frac{\sum_{I}^{IV}{}^{j}\, L_j}{\sum_{I}^{IV}{}^{j}\, s_j}\; . \qquad (59)$$

So haben Rutherford und Geiger für $x = 0$ 54 statt 55, für $x = 1$ 210 statt 211, für $x = 5$ 394 statt 393 gefunden[2]). Diese geringfügigen numerischen Unterschiede fallen freilich nicht ins

---

1) A. a. O., S. 701.

2) Für $x = 13$ geben Rutherford und Geiger 4 statt 1 an. Es handelt sich aber hier um einen Druckfehler.

Gewicht; prinzipiell muß jedoch die von Rutherford und Geiger angewandte Berechnungsweise abgelehnt werden. Sie wäre nur dann zulässig, wenn angenommen werden könnte, daß die Abweichungen der vier in Betracht kommenden m_j-Werte von ihrem arithmetischen Durchschnitt m_0 zufällige sind. Gegen solch eine Annahme spricht aber die Größe dieser Abweichungen, worauf weiter unten, in § 16, noch zurückgekommen werden soll.

Rutherford und Geiger haben die Zahlen der Szintillationen noch für Zeitintervalle von $^1/_4$ Minute festgestellt, indem sie je zwei Zahlen, die sich für zwei unmittelbar aufeinanderfolgende Zeitintervalle von $^1/_8$ Minute ergeben hatten, zusammenaddierten. Dabei sind das eine Mal die $^1/_8$-Minuten-Intervalle 1 und 2, 3 und 4, 5 und 6 usw. (Schema A) und das andere Mal die $^1/_8$-Minuten-Intervalle 2 und 3, 4 und 5, 6 und 7 usw. (Schema B) zusammengelegt worden. Auf diese Weise kamen die folgenden Zahlenreihen zustande:

Tabelle 4.
(Schema A.)

	I	II	III	IV	I—IV
1	2	3	4	5	6
L_j	3182	2330	2373	2214	10 099
s_j	396	298	316	294	1 304
m_j	8,04	7,82	7,51	7,53	7,74
x	$l_x^{(I)}$	$l_x^{(II)}$	$l_x^{(III)}$	$l_x^{(IV)}$	$\sum_{I}^{IV} {}_j l_x^{(j)}$
0	—	—	—	—	—
1	3	2	—	1	6
2	4	3	6	7	20
3	7	6	8	11	32
4	17	19	25	14	75
5	35	33	39	30	137
6	42	34	39	40	155
7	60	56	51	47	214
8	71	32	42	48	193
9	49	34	38	36	157
10	46	27	26	27	126
11	22	24	17	18	81
12	19	11	11	8	49
13	11	7	6	4	28
14	2	5	5	1	13
15	5	3	2	—	10
16	1	1	1	1	4
17	2	1	—	1	4
18	—	—	—	—	—
19	—	—	—	—	—
20	—	—	—	1	1

Tabelle 5[1]).
(Schema B.)

1	2	8	4	5	6
	I	II	III	IV	$I—IV$
L_j	3180	2333	2371	2210	10 094
s_j	396	298	316	294	1 304
m_j	8,03	7,83	7,50	7,52	7,74
x	$l_x^{(I)}$	$l_x^{(II)}$	$l_x^{(III)}$	$l_x^{(IV)}$	$\sum_{I}^{IV} l_x^{(j)}$
0	—	—	—	—	—
1	2	1	—	—	3
2	4	5	5	3	17
3	9	7	12	18	46
4	21	21	32	25	99
5	35	27	38	26	126
6	46	38	32	35	151
7	56	46	41	44	187
8	68	40	36	36	180
9	48	38	50	37	173
10	35	28	32	36	131
11	30	16	14	15	75
12	15	12	11	6	44
13	12	9	6	8	35
14	6	3	5	2	16
15	8	5	1	—	14
16	—	—	—	1	1
17	—	1	—	—	1
18	—	—	—	2	2
19	—	1	—	—	1
20	1	—	—	—	1
21	—	—	1	—	1

---

[1]) Die in der Tabelle 5 auftretenden Werte L_j stimmen weder mit den entsprechenden Werten der Tabelle 4 noch mit denjenigen der Tabelle 2 ganz überein. Diese Unstimmigkeiten dürften wohl auf Rechenfehler zurückzuführen sein. Denn allen drei genannten Tabellen liegt dasselbe empirische Material zugrunde. In dem Fall freilich, wo bei Anwendung des Schemas B das erste und das letzte unter den $1/_8$-Minuten-Intervallen in jeder der vier Versuchsserien unberücksichtigt geblieben wären, würden alle vier Werte L_j in Tabelle 5 etwas kleiner als in den Tabellen 2 und 4 ausfallen. Aber bei der Versuchsserie II trifft, wenigstens was die Tabellen 4 und 5 anlangt, das Gegenteil zu. Außerdem würde in diesem Fall jeder der Werte s_j in Tabelle 5 um 1 kleiner als in Tabelle 4 sein, was ebensowenig zutrifft. Es ist daher anzunehmen, daß Rutherford und Geiger bei ihrem Schema B das erste mit dem letzten $1/_8$-Minuten-Intervall in jeder Versuchsserie zusammengelegt haben. Also müßten bei fehlerfreier Bearbeitung des Materials alle drei Tabellen 2, 4 und 5 für eine gegebene Versuchsserie den gleichen Wert L_j aufweisen.

Es sei in diesem Zusammenhang darauf hingewiesen, daß die Summe der Werte $l_x^{(IV)}$ in Tabelle 4 295 statt 294 und dementsprechend die Summe der

Die entsprechenden theoretischen Zahlen sind in Tabelle 6 enthalten. Außerdem finden sich in dieser Tabelle, in Spalte 7, unter $\sum_{I}^{IV} j\, l_x^{(j)}$ die halben Summen der in Spalte 6 der beiden Tabellen 4 und 5 angegebenen Zahlen[1]).

Tabelle 6.

	I	II	III	IV	I—IV	I—IV
1	2	3	4	5	6	7
x	$\mathfrak{E}(l_x^{(I)})$	$\mathfrak{E}(l_x^{(II)})$	$\mathfrak{E}(l_x^{(III)})$	$\mathfrak{E}(l_x^{(IV)})$	$\sum_{I}^{IV}\mathfrak{E}(l_x^{(j)})$	$\sum_{I}^{IV} j\, l_x^{(j)}$
0	0,1	0,1	0,2	0,2	0,6	—
1	1,0	0,9	1,3	1,2	4,4	4,5
2	4,1	3,7	4,9	4,5	17,2	18,5
3	11,1	9,5	12,2	11,3	44,1	39
4	22,3	18,6	23,0	21,2	85,1	87
5	35,8	29,1	34,5	31,9	131,3	131,5
6	48,0	38,0	43,1	40,0	169,1	153
7	55,0	42,5	46,3	43,0	186,8	200,5
8	55,3	41,5	43,4	40,4	180,6	186,5
9	49,3	36,1	36,2	33,8	155,4	165
10	39,6	28,2	27,2	25,4	120,4	128,5
11	28,9	20,1	18,5	17,4	84,9	78
12	19,4	13,1	11,6	10,9	55,0	46,5
13	12,0	7,9	6,7	6,3	32,9	31,5
14	6,9	4,4	3,6	3,4	18,3	14,5
15	3,7	2,3	1,8	1,7	9,5	12
16	1,9	1,1	0,8	0,8	4,6	2,5
17	0,9	0,5	0,4	0,4	2,2	2,5
18	0,4	0,2	0,2	0,1	0,9	1
19	0,2	0,1	0,1	0,1	0,5	0,5
20	0,1	0,1	0,0	0,0	0,2	1
21	0,0	0,0	0,0	0,0	0,0	0,5

Werte $\sum_{I}^{IV} j\, l_x^{(j)}$ in derselben Tabelle 1305 statt 1304 beträgt. Aus diesem Grunde findet man als Summe der Werte $\sum_{I}^{IV} j\, l_x^{(j)}$ in Tabelle 6 (Spalte 7) 1304,5 statt 1304.

[1]) Rutherford und Geiger stellen die Summen der in Spalte 6 der beiden Tabellen 4 und 5 enthaltenen Zahlen den verdoppelten Zahlen der Spalte 6 der Tabelle 6 gegenüber und geben als entsprechende Zahl der beobachteten $^1/_4$-Minuten-Intervalle 2608 und als entsprechende Zahl der registrierten Szintillationen 20193 an, wodurch die falsche Vorstellung erweckt werden kann, als ob tatsächlich das Experiment sich auf so viele Intervalle erstreckt und so viele Szintillationen zutage gefördert hätte. Dabei sind auch hier die theoretischen Tabellen nach der ungenauen Formel (58) berechnet worden. Diese Ungenauigkeit ist aber praktisch wiederum belanglos.

Vergleicht man nun Spalte 6 der Tabelle 2 mit Spalte 6 der Tabelle 3 und Spalte 7 der Tabelle 6 mit Spalte 6 derselben Tabelle, so wird man zwar den Eindruck gewinnen, daß sich der Gang der empirischen Zahlen im allgemeinen dem Gang der theoretischen Zahlen anschließt, aber dieser Eindruck wird ein subjektiver und unbestimmter bleiben, solange ein fester Maßstab der Beurteilung fehlt. Wenn z. B. Rutherford und Geiger in bezug auf die $1/_8$-Minuten-Intervalle (Tabellen 2 und 3) hervorheben, daß bei $x = 3$ $\sum\limits_{I}^{IV} l_x^{(j)}$ und $\mathfrak{E}\left\{\sum\limits_{I}^{IV} l_x^{(j)}\right\}$ genau zusammenfallen, und daß bei $x = 5$ die betreffende empirische Zahl (532) nur um $5\,^0/_0$ die ihr entsprechende theoretische Zahl (508) übersteigt, so ist es mit derartigen willkürlich herausgegriffenen Beispielen offenbar nicht getan. Es bedarf vielmehr eines Kriteriums, das über den ganzen Verlauf einer Zahlenreihe ein objektives Urteil zu fällen gestattet.

§ 10. Als Kriterium dieser Art kommt vor allem in Betracht der von Lexis in die theoretische Statistik eingeführte Divergenzkoeffizient Q, welcher zum Ausdruck bringt, wie sich der bei einer Reihe absoluter oder relativer Zahlen beobachtete mittlere Fehler zu dem entsprechenden mit Hilfe der Wahrscheinlichkeitstheorie errechneten mittleren Fehler verhält. Die Übereinstimmung von Theorie und Erfahrung sei um so vollkommener, je mehr sich Q der Einheit nähert, und je nachdem Q merklich mit 1 zusammenfällt oder aber merklich größer bzw. kleiner als 1 ausfällt, spricht Lexis von normaler, übernormaler und unternormaler Dispersion der betreffenden statistischen Zahlenwerte[1].

Streng genommen, kommt es aber nicht darauf an, ob Q, sondern ob Q^2 in plus oder in minus von 1 abweicht[2]. Mit aus

---

[1] Wilhelm Lexis: 1. Zur Theorie der Massenerscheinungen in der menschlichen Gesellschaft. Freiburg i. B. 1877, S. 13—34. 2. Über die Theorie der Stabilität statistischer Reihen, in Conrads Jahrbüchern f. Nat.-Ök. u. Stat. Bd. XXXII (1879), S. 60 f., und 3. Abhandlungen zur Theorie der Bevölkerungs- und Moralstatistik. Jena 1903, S. 130—212. Vgl. Bortkiewicz, Anwendungen der Wahrscheinlichkeitsrechnung auf Statistik, in der Enzyklopädie der mathematischen Wissenschaften, I, S. 829—835.

[2] In meiner Abhandlung „Der wahrscheinlichkeitstheoretische Standpunkt im Lebensversicherungswesen" (Österreichische Revue. Organ für Assekuranz und Volkswirtschaft, herausg. von S. Loewenberg. XXXI. Jahrg. Wien 1906, Nr. 24—28) wird gezeigt, daß bei $\mathfrak{E}(Q^2) = 1$ näherungsweise die Relation $\mathfrak{E}(Q) = 1 - \dfrac{1}{4z}$ besteht (Nr. 25), wo z die Zahl der Elemente in der Reihe ist, auf die sich Q bezieht. Als genauere Formel hatte ich alsdann in einem Nachtrag (Nr. 28) die Formel $\mathfrak{E}(Q) = 1 - \dfrac{1}{4z} + \dfrac{1}{12z^3}$ aufgestellt. Es hat sich aber in die Ableitung

diesem Grunde, sowie namentlich mit Rücksicht darauf, daß sich der mittlere Fehler von Q^2 exakt, derjenige von Q aber nur näherungsweise bestimmen läßt und daß, wenn es sich um eine hinreichend lange Reihe handelt, für Q^2, nicht aber auch für Q, die Gültigkeit des Gaußschen Fehlergesetzes angenommen werden kann, erscheint es als angezeigt, sich in folgendem an Q^2 zu halten.

Im vorliegenden Fall findet man unter Berücksichtigung der Formel (56):

$$Q^2 = \frac{\frac{1}{s}\sum_{1}^{s}{}_i (x_i - m)^2}{m} \, . \tag{60}$$

Weil aber, einer früher gebrauchten Bezeichnung zufolge, $\sum_{1}^{s}{}_i x_i = L$ und weil, laut Formel (52), $sm = L$, so geht Formel (60) in

$$Q^2 = \frac{\sum_{1}^{s}{}_i x_i^2}{L} - m \tag{61}$$

oder auch in

$$Q^2 = \frac{\sum_{0}^{\infty}{}_x l_x x^2}{L} - m \tag{62}$$

über.

Es ist klar, daß man nicht erwarten kann, für Q^2 genau 1 zu erhalten, und es entsteht die Frage, nach welchem Kriterium die Abweichungen $Q^2 - 1$ zu beurteilen sind. Zur Beantwortung dieser Frage hat man von dem mittleren Fehler von $(x_i - m)^2$ auszugehen. Man hat zunächst, entsprechend der Relation (53), die auch für jede andere Größe als x_i gilt:

$$\mathfrak{M}^2\left\{(x_i - m)^2\right\} = \mathfrak{E}\left\{(x_i - m)^4\right\} - \mathfrak{E}^2\left\{(x_i - m)^2\right\} \, . \tag{63}$$

Man führe alsdann die abkürzende Bezeichnung

$$\mathfrak{E}\left\{(x_i - m)^r\right\} = \omega^{(r)} \quad \text{ein.}$$

Es ist:

$$\omega^{(r)} = \sum_{0}^{\infty}{}_x \frac{m^x e^{-m}}{1 \cdot 2 \ldots x}(x - m)^r$$

---

letzterer Formel an einer Stelle ein verkehrtes Vorzeichen eingeschlichen. Korrekterweise erhält man: $\mathfrak{E}(Q) = 1 - \dfrac{1}{4z} + \dfrac{1}{32 z^2}$. Den falschen Koeffizienten $\dfrac{1}{12}$ $\left(\text{statt } \dfrac{1}{32}\right)$ hat leider F. Cantelli (A proposito dell'ordine e dei limiti delle serie statistiche, Milano 1913, S. 41) von mir übernommen.

oder auch

$$\omega^{(r)} = \sum_{0}^{\infty}{}_x \frac{m^x e^{-m}}{1 \cdot 2 \ldots x} (x-m)^{r-1} x - \sum_{0}^{\infty}{}_x \frac{m^x e^{-m}}{1 \cdot 2 \ldots x} (x-m)^{r-1} m \, .$$

Weiter erhält man:

$$\sum_{0}^{\infty}{}_x \frac{m^x e^{-m}}{1 \cdot 2 \ldots x} (x-m)^{r-1} x = m \sum_{1}^{\infty}{}_x \frac{m^{x-1} e^{-m}}{1 \cdot 2 \ldots (x-1)} (x-1-m+1)^{r-1}$$

$$= m \sum_{0}^{\infty}{}_x \frac{m^x e^{-m}}{1 \cdot 2 \ldots x} (x-m+1)^{r-1}$$

und vermöge der Zerlegung

$$(x-m+1)^{r-1} = (x-m)^{r-1} + (r-1)(x-m)^{r-2}$$
$$+ \frac{(r-1)(r-2)}{1 \cdot 2} (x-m)^{r-3} + \ldots + 1$$

$$\sum_{0}^{\infty}{}_x \frac{m^x e^{-m}}{1 \cdot 2 \ldots x} (x-m)^{r-1} x =$$

$$m \left\{ \omega^{(r-1)} + (r-1)\omega^{(r-2)} + \frac{(r-1)(r-2)}{1 \cdot 2} \omega^{(r-3)} + \ldots + 1 \right\} .$$

Daher denn:

$$\omega^{(r)} = m \left\{ (r-1)\omega^{(r-2)} + \frac{(r-1)(r-2)}{1 \cdot 2} \omega^{(r-3)} + \ldots + 1 \right\} . \quad (64)$$

Aus dem Vorstehenden ist bekannt, daß $\omega^{(0)} = 1$, $\omega^{(1)} = 0$, $\omega^{(2)} = m$, und auf Grund der Formel (64) findet man: $\omega^{(3)} = m$, $\omega^{(4)} = 3m^2 + m$, $\omega^{(5)} = 10m^2 + m$ usw. Auf (63) zurückgreifend, erhält man demnach:

$$\mathfrak{M}\{(x_i - m)^2\} = \sqrt{\omega^{(4)} - \{\omega^{(2)}\}^2} = \sqrt{2m^2 + m} \qquad (65)$$

und nach dem Satz von dem mittleren Fehler einer Summe voneinander unabhängiger Größen:

$$\mathfrak{M}\left\{ \sum_{1}^{s}{}_i (x_i - m)^2 \right\} = \sqrt{s(2m^2 + m)} \, ,$$

woraus sich schließlich, der Formel (60) zufolge,

$$\mathfrak{M}(Q^2) = \sqrt{\frac{2m+1}{ms}} \qquad (66)$$

ergibt.

Liegen nun ν verschiedene Versuchsserien vor, denen die Werte s_j, m_j, Q_j^2 entsprechen, so handelt es sich darum, ob die Abweichungen $Q_j^2 - 1$ im ganzen im Einklang mit der Theorie stehen.

Der so gestellten Frage kann man in der Weise beikommen, daß man jede einzelne der Abweichungen $|Q_j^2 - 1|$ auf den entsprechenden mittleren Fehler

$$\mathfrak{M}(Q_j^2) = \sqrt{\frac{2\,m_j + 1}{m_j\,s_j}} \qquad (66a)$$

bezieht und zusieht, ob die so erhaltenen Quotienten

$$\eta_j = \frac{|Q_j^2 - 1|}{\mathfrak{M}(Q_j^2)} \qquad (67)$$

der für dieselben maßgebenden Norm entsprechen.

Diese Norm steht in unmittelbarem Zusammenhang mit der Formel

$$P = \frac{2}{\sqrt{\pi}} \int\limits_0^v e^{-t^2}\,dt\,, \qquad (68)$$

welche für eine dem Gaußschen Fehlergesetz unterworfene Größe die Wahrscheinlichkeit ausdrückt, daß die absolut genommene Abweichung eines Einzelwertes solch einer Größe von ihrer mathematischen Erwartung bzw. von ihrem theoretischen Durchschnittswert den Betrag $\dfrac{v}{h}$ nicht übersteigt, wobei unter h die sogenannte Präzision zu verstehen ist. Da zwischen der Präzision h und dem mittleren Fehler $\mathfrak{M}$ derselben Größe die Beziehung $\mathfrak{M} = \dfrac{1}{h\sqrt{2}}$ besteht, so erhält man $\dfrac{v}{h} = v\mathfrak{M}\sqrt{2}$, und dementsprechend erscheint P zugleich als Ausdruck der Wahrscheinlichkeit, daß die betreffende Abweichung das $v\sqrt{2}$-fache des maßgebenden mittleren Fehlers nicht übersteigt.

Sofern nun die in Formel (60) auftretende Zahl s so groß ist, daß es gestattet ist, für Q^2 nach Maßgabe eines bekannten von Laplace bewiesenen Satzes die Herrschaft des Gaußschen Fehlergesetzes zu postulieren, wird P die Wahrscheinlichkeit angeben, daß der Quotient

$$\eta = \frac{|Q^2 - 1|}{\mathfrak{M}(Q^2)}$$

die Grenze $v\sqrt{2}$ nicht überschreitet. Gleiches gilt von den Quotienten η_j, sofern die ihnen zugrunde liegenden Versuchszahlen s_j hinreichend groß sind.

Demnach wäre vP die erwartungsmäßige Zahl der η_j-Werte, die kleiner als $v\sqrt{2}$ sind, und wenn man die beiden Werte von P, die irgendwelchen zwei Werten von v, einem kleineren v' und einem größeren v'', entsprechen, mit P' bzw. P'' bezeichnet, so ergäbe sich $v(P'' - P')$ als erwartungsmäßige Zahl der zwischen den Grenzen $v'\sqrt{2}$ und $v''\sqrt{2}$ enthaltenen Werte von η_j. So ließe sich die empirische Verteilung der η_j-Werte nach ihrer Größe mit der entsprechenden theoretischen Verteilung vergleichen. Solche Vergleiche sind aber nur bei hinreichend großen Werten von v lehrreich. Ist hingegen v z. B. nicht größer als 10 oder 20, so empfiehlt sich ein anderes Verfahren, demzufolge für jeden empirischen Wert η_j der zugehörige theoretische Wert $\bar{\eta}_j$ berechnet wird. Dies kann in folgender Weise geschehen.

Man ordne zunächst die v Werte η_j nach ihrer Größe, von dem niedrigsten zum höchstem fortschreitend, und bezeichne mit λ die einem jeden dieser so geordneten Werte zukommende Ordnungsnummer, so daß η_λ das λte Glied in der Reihe bedeuten soll. Führt man sodann die Bezeichnung

$$v\sqrt{2} = \psi(P) \tag{69}$$

ein, so wird man, wenn vP eine ganze Zahl ist, berechtigt sein, zu sagen, daß die vP kleinsten unter den v Werten η_λ erwartungsgemäß zwischen den Grenzen 0 und $\psi(P)$ liegen. Dementsprechend sind für die ersten $\lambda - 1$ bzw. λ Werte die entsprechenden Grenzen 0 und $\psi\left(\dfrac{\lambda - 1}{v}\right)$ bzw. 0 und $\psi\left(\dfrac{\lambda}{v}\right)$, weil hierbei $vP = \lambda - 1$ bzw. $vP = \lambda$ zu setzen ist. Hieraus folgt, daß der Wert η_λ erwartungsgemäß zwischen den Grenzen $\psi\left(\dfrac{\lambda - 1}{v}\right)$ und $\psi\left(\dfrac{\lambda}{v}\right)$ liegen muß, und so wird der gesuchte theoretische Wert $\bar{\eta}_\lambda$ aus

$$\bar{\eta}_\lambda = \frac{\dfrac{2}{\sqrt{\pi}} \displaystyle\int_{\frac{1}{\sqrt{2}}\psi\left(\frac{\lambda-1}{v}\right)}^{\frac{1}{\sqrt{2}}\psi\left(\frac{\lambda}{v}\right)} e^{-t^2}\, t\sqrt{2}\, dt}{\dfrac{2}{\sqrt{\pi}} \displaystyle\int_{\frac{1}{\sqrt{2}}\psi\left(\frac{\lambda-1}{v}\right)}^{\frac{1}{\sqrt{2}}\psi\left(\frac{\lambda}{v}\right)} e^{-t^2}\, dt} \tag{70}$$

zu bestimmen sein.

Mit Rücksicht auf die Formeln (68) und (69) erhält man aus (70):

$$\bar{\eta}_\lambda = v\sqrt{\frac{2}{\pi}}\left\{e^{-\frac{1}{2}\left[\psi\left(\frac{\lambda-1}{v}\right)\right]^2} - e^{-\frac{1}{2}\left[\psi\left(\frac{\lambda}{v}\right)\right]^2}\right\}. \tag{71}$$

Unter Vernachlässigung der zweiten und höheren Potenzen von $\frac{1}{\nu}$ findet man:

$$\psi\left(\frac{\lambda-1}{\nu}\right) = \psi\left(\frac{2\lambda-1}{2\nu}\right) - \frac{1}{2\nu}\psi'\left(\frac{2\lambda-1}{2\nu}\right),$$

$$\left[\psi\left(\frac{\lambda-1}{\nu}\right)\right]^2 = \left[\psi\left(\frac{2\lambda-1}{2\nu}\right)\right]^2 - \frac{1}{\nu}\psi\left(\frac{2\lambda-1}{2\nu}\right)\psi'\left(\frac{2\lambda-1}{2\nu}\right),$$

$$\psi\left(\frac{\lambda}{\nu}\right) = \psi\left(\frac{2\lambda-1}{2\nu}\right) + \frac{1}{2\nu}\psi'\left(\frac{2\lambda-1}{2\nu}\right),$$

$$\left[\psi\left(\frac{\lambda}{\nu}\right)\right]^2 = \left[\psi\left(\frac{2\lambda-1}{2\nu}\right)\right]^2 + \frac{1}{\nu}\psi\left(\frac{2\lambda-1}{2\nu}\right)\psi'\left(\frac{2\lambda-1}{2\nu}\right)$$

und daher (näherungsweise):

$$\bar\eta_\lambda = \nu\sqrt{\frac{2}{\pi}}\, e^{-\frac{1}{2}\left[\psi\left(\frac{2\lambda-1}{2\nu}\right)\right]^2}\left\{e^{\frac{1}{2\nu}\psi\left(\frac{2\lambda-1}{2\nu}\right)\psi'\left(\frac{2\lambda-1}{2\nu}\right)} - e^{-\frac{1}{2\nu}\psi\left(\frac{2\lambda-1}{2\nu}\right)\psi'\left(\frac{2\lambda-1}{2\nu}\right)}\right\} \quad (72)$$

oder auch, unter abermaliger Vernachlässigung der zweiten und höheren Potenzen von $\frac{1}{\nu}$,

$$\bar\eta_\lambda = \sqrt{\frac{2}{\pi}}\,\psi\left(\frac{2\lambda-1}{2\nu}\right)\psi'\left(\frac{2\lambda-1}{2\nu}\right)e^{-\frac{1}{2}\left[\psi\left(\frac{2\lambda-1}{2\nu}\right)\right]^2}. \quad (73)$$

Man hat aber:

$$\frac{dP}{dv} = \frac{2}{\sqrt{\pi}}\,e^{-v^2} \quad (73a)$$

oder

$$\frac{dv}{dP} = \frac{\sqrt{\pi}}{2}\,e^{v^2}$$

bzw.

$$\psi'(P) = \sqrt{\frac{\pi}{2}}\,e^{\frac{1}{2}\left[\psi(P)\right]^2}$$

und demgemäß

$$\psi'\left(\frac{2\lambda-1}{2\nu}\right) = \sqrt{\frac{\pi}{2}}\,e^{\frac{1}{2}\left[\psi\left(\frac{2\lambda-1}{2\nu}\right)\right]^2},$$

so daß Formel (73) in

$$\bar\eta_\lambda = \psi\left(\frac{2\lambda-1}{2\nu}\right) \quad (74)$$

übergeht.

Diese Näherungsformel kann übrigens auch in der Weise aus (70) gewonnen werden, daß man

$$\bar\eta_\lambda = t'\sqrt{2}$$

setzt, wobei

$$\frac{1}{\sqrt{2}}\,\psi\!\left(\frac{\lambda}{\nu}\right) > t' > \frac{1}{\sqrt{2}}\,\psi\!\left(\frac{\lambda-1}{\nu}\right),$$

und t' nach einer beliebten Näherungsmethode aus

$$t' = \frac{1}{\sqrt{2}}\,\psi\!\left(\frac{1}{2}\left[\frac{\lambda-1}{\nu}+\frac{\lambda}{\nu}\right]\right)$$

bestimmt.

Bei einem Vergleich zwischen den empirischen Größen η_λ und den theoretischen Größen $\bar\eta_\lambda$ wird vor allem darauf zu sehen sein, ob die beiderseitigen arithmetischen Durchschnitte miteinander übereinstimmen. Der maßgebende theoretische Durchschnitt $\bar\eta_0$ ist durch

$$\bar\eta_0 = \frac{\dfrac{2}{\sqrt{\pi}}\displaystyle\int_0^\infty e^{-t^2}\,t\,\sqrt{2}\,dt}{\dfrac{2}{\sqrt{\pi}}\displaystyle\int_0^\infty e^{-t^2}\,dt} = \sqrt{\frac{2}{\pi}}$$

gegeben, oder es ist, wie allgemein bekannt,

$$\mathfrak{E}(\eta_j) = \sqrt{\frac{2}{\pi}} = 0{,}7979 , \qquad (75)$$

während der entsprechende empirische Durchschnitt durch

$$\eta_0 = \frac{1}{\nu}\sum_1^\nu \eta_j \qquad (76)$$

dargestellt wird.

Man kann auch, statt unmittelbar η_0 mit $\sqrt{\dfrac{2}{\pi}}$ zu vergleichen, den Quotienten

$$\beta = \eta_0 : \sqrt{\frac{2}{\pi}} \qquad (77)$$

bilden und den Grad der Übereinstimmung zwischen Theorie und Erfahrung danach beurteilen, ob β mehr oder weniger von 1 abweicht. Dabei ist zu beachten, daß

$$\mathfrak{M}(\eta_j) = \sqrt{1-\frac{2}{\pi}}, \qquad (78)$$

$$\mathfrak{M}(\eta_0) = \sqrt{\frac{\pi-2}{\nu\pi}} \qquad (79)$$

und daß daher

$$\mathfrak{M}(\beta) = \sqrt{\frac{\pi-2}{2\nu}} = \frac{0{,}7555}{\sqrt{\nu}}. \qquad (80)$$

Behufs einer genaueren Prüfung der Zahlenreihe η_j kann man noch ihre Dispersion, d. h. die Art, wie sich die η_j-Werte um ihre mathematische Erwartung $\sqrt{\dfrac{2}{\pi}}$ bzw. um ihren Durchschnitt η_0 gruppieren, zum Gegenstand der Betrachtung machen. Laut Formel (78) hat man:

$$\mathfrak{E}\left\{\frac{1}{\nu}\sum_{1}^{\nu}{}^{\!j}\left(\eta_j - \sqrt{\frac{2}{\pi}}\right)^2\right\} = \frac{\pi - 2}{\pi},$$

und bildet man den Ausdruck

$$\vartheta = \frac{\pi}{\nu\,(\pi - 2)}\sum_{1}^{\nu}{}^{\!j}\left(\eta_j - \sqrt{\frac{2}{\pi}}\right)^2, \tag{81}$$

so erhält man

$$\mathfrak{E}(\vartheta) = 1. \tag{82}$$

Auf Grund der Formel (79) findet man aber

$$\mathfrak{E}(\eta_0^2) = \frac{2}{\pi} + \frac{\pi - 2}{\nu\,\pi};$$

daher ergibt sich aus

$$\mathfrak{E}\left\{\sum_{1}^{\nu}{}^{\!j}(\eta_j - \eta_0)^2\right\} = \mathfrak{E}\left(\sum_{1}^{\nu}{}^{\!j}\eta_j^2\right) - \nu\,\mathfrak{E}(\eta_0^2)$$

$$\mathfrak{E}\left\{\sum_{1}^{\nu}{}^{\!j}(\eta_j - \eta_0)^2\right\} = \frac{(\nu - 1)\,(\pi - 2)}{\pi},$$

und als mathematische Erwartung des Ausdrucks

$$\vartheta' = \frac{\pi}{(\nu - 1)\,(\pi - 2)}\sum_{1}^{\nu}{}^{\!j}(\eta_j - \eta_0)^2 \tag{83}$$

erhält man, wie bei ϑ,

$$\mathfrak{E}(\vartheta') = 1. \tag{84}$$

Je nachdem also ϑ bzw. ϑ' gleich 1, größer als 1 oder kleiner als ausfällt, wird von einer normalen, übernormalen oder unternormalen Dispersion der η_j-Werte gesprochen werden können. Dabei wird aber, wie bei den Q_j^2-Werten, darauf zu achten sein, wie groß eine gegebene Abweichung $|\vartheta - 1|$ bzw. $|\vartheta' - 1|$ im Verhältnis zum mittleren Fehler von ϑ bzw. von ϑ' ist.

Was den mittleren Fehler von ϑ anlangt, so läßt er sich sehr einfach bestimmen. Es bestehen nämlich für jede Größe a, die dem Gaußschen Fehlergesetz unterworfen ist, die Relationen

$$\mathfrak{E}\left\{[\,|\,a - \mathfrak{E}(a)\,|\,]^3\right\} = \frac{1}{h^3\,\sqrt{\pi}}$$

und

$$\mathfrak{E}\{[\,a - \mathfrak{E}(a)\,]^4\} = \frac{3}{4\,h^4},$$

wo h die bereits erwähnte „Präzision" bedeutet. Setzt man nun

$$\frac{|\,a - \mathfrak{E}(a)\,|}{\mathfrak{M}(a)} = \eta$$

und bedenkt man, daß

$$\mathfrak{M}(a) = \frac{1}{h\,\sqrt{2}},$$

so findet man:

$$\mathfrak{E}(\eta^3) = 2\sqrt{\frac{2}{\pi}} \qquad\qquad (85)$$

und

$$\mathfrak{E}(\eta^4) = 3 . \qquad\qquad (86)$$

Daher denn:

$$\mathfrak{E}\left\{\left(\eta_j - \sqrt{\frac{2}{\pi}}\right)^4\right\} = 3 - 4\cdot 2\sqrt{\frac{2}{\pi}}\cdot\sqrt{\frac{2}{\pi}} + 6\cdot\frac{2}{\pi} - 4\sqrt{\frac{2}{\pi}}\left(\sqrt{\frac{2}{\pi}}\right)^3 + \frac{4}{\pi^2}$$

oder

$$\mathfrak{E}\left\{\left(\eta_j - \sqrt{\frac{2}{\pi}}\right)^4\right\} = \frac{3\,\pi^2 - 4\,\pi - 12}{\pi^2}, \qquad\qquad (87)$$

folglich

$$\mathfrak{M}\left\{\left(\eta_j - \sqrt{\frac{2}{\pi}}\right)^2\right\} = \sqrt{\frac{3\,\pi^2 - 4\,\pi - 12}{\pi^2} - \frac{(\pi - 2)^2}{\pi^2}}$$

oder

$$\mathfrak{M}\left\{\left(\eta_j - \sqrt{\frac{2}{\pi}}\right)^2\right\} = \frac{\sqrt{2\,(\pi^2 - 8)}}{\pi}$$

und schließlich

$$\mathfrak{M}(\vartheta) = \frac{\sqrt{2\,(\pi^2 - 8)}}{(\pi - 2)\,\sqrt{\nu}} = \frac{1{,}6939}{\sqrt{\nu}} . \qquad\qquad (88)$$

Die Bestimmung von $\mathfrak{M}(\vartheta')$ gestaltet sich etwas komplizierter. Hier hat man von

$$\eta_j - \eta_0 = \eta_j - \sqrt{\frac{2}{\pi}} - \left(\eta_0 - \sqrt{\frac{2}{\pi}}\right)$$

auszugehen, woraus sich

$$(\eta_j - \eta_0)^2 = \left(\eta_j - \sqrt{\frac{2}{\pi}}\right)^2 - 2\left(\eta_j - \sqrt{\frac{2}{\pi}}\right)\left(\eta_0 - \sqrt{\frac{2}{\pi}}\right) + \left(\eta_0 - \sqrt{\frac{2}{\pi}}\right)^2,$$

$$\sum_1^\nu{}_j (\eta_j - \eta_0)^2 = \sum_1^\nu{}_j \left(\eta_j - \sqrt{\frac{2}{\pi}}\right)^2 - \nu\left(\eta_0 - \sqrt{\frac{2}{\pi}}\right)^2$$

und

$$\left\{\sum_{1}^{\nu}(\eta_j - \eta_0)^2\right\}^2 = \left\{\sum_{1}^{\nu}\left(\eta_j - \sqrt{\frac{2}{\pi}}\right)^2\right\}^2$$
$$- 2\nu\left(\eta_0 - \sqrt{\frac{2}{\pi}}\right)^2 \sum_{1}^{\nu}\left(\eta_j - \sqrt{\frac{2}{\pi}}\right)^2 + \nu^2\left(\eta_0 - \sqrt{\frac{2}{\pi}}\right)^4 \tag{89}$$

ergibt. Setzt man alsdann

$$\mathfrak{E}\left[\left\{\sum_{1}^{\nu}\left(\eta_j - \sqrt{\frac{2}{\pi}}\right)^2\right\}^2\right] = G, \tag{90}$$

$$2\nu\,\mathfrak{E}\left\{\left(\eta_0 - \sqrt{\frac{2}{\pi}}\right)^2 \sum_{1}^{\nu}\left(\eta_j - \sqrt{\frac{2}{\pi}}\right)^2\right\} = H \tag{91}$$

und

$$\nu^2\,\mathfrak{E}\left\{\left(\eta_0 - \sqrt{\frac{2}{\pi}}\right)^4\right\} = K, \tag{92}$$

so folgt aus (89):

$$\mathfrak{E}\left[\left\{\sum_{1}^{\nu}(\eta_j - \eta_0)^2\right\}^2\right] = G - H + K,$$

und, auf (83) zurückgreifend, gelangt man zu:

$$\mathfrak{M}(\vartheta') = \frac{\pi}{(\nu - 1)(\pi - 2)}\sqrt{G - H + K - \frac{(\nu - 1)^2(\pi - 2)^2}{\pi^2}}$$

oder zu

$$\mathfrak{M}(\vartheta') = \frac{\sqrt{\pi^2(G - H + K) - (\nu - 1)^2(\pi - 2)^2}}{(\nu - 1)(\pi - 2)}. \tag{93}$$

Es handelt sich nunmehr darum, G, H und K zu bestimmen. Unter Anwendung der abkürzenden Bezeichnung

$$\frac{3\pi^2 - 4\pi - 12}{\pi^2} = \delta$$

erhält man aus (90) unter Berücksichtigung der Formeln (78) und (87)

$$G = \nu\delta + \nu(\nu - 1)\left(\frac{\pi - 2}{\pi}\right)^2. \tag{94}$$

Zwecks Bestimmung von H fasse man erst den Ausdruck

$$\mathfrak{E}\left\{\left(\eta_j - \sqrt{\frac{2}{\pi}}\right)^2\left(\eta_0 - \sqrt{\frac{2}{\pi}}\right)^2\right\}$$

ins Auge. Ersetzt man darin η_0 durch $\dfrac{1}{\nu}\sum_1^{\nu}\eta_j$, so findet man, unter Mitberücksichtigung der Formel (75):

$$\mathfrak{E}\left\{\left(\eta_j - \sqrt{\tfrac{2}{\pi}}\right)^2\left(\eta_0 - \sqrt{\tfrac{2}{\pi}}\right)^2\right\} =$$

$$\frac{1}{\nu^2}\,\mathfrak{E}\left\{\left(\eta_j - \sqrt{\tfrac{2}{\pi}}\right)^2\left[\sum_1^{\nu}\left(\eta_j - \sqrt{\tfrac{2}{\pi}}\right)\right]^2\right\} = \frac{1}{\nu^2}\left\{\delta + (\nu - 1)\left(\frac{\pi - 2}{\pi}\right)^2\right\},$$

und auf der Grundlage dieser Formel erhält man aus (91):

$$H = 2\left\{\delta + (\nu - 1)\left(\frac{\pi - 2}{\pi}\right)^2\right\}. \tag{95}$$

Die noch übrigbleibende Größe K läßt sich am einfachsten aus

$$\left(\eta_0 - \sqrt{\tfrac{2}{\pi}}\right)^4 = \left(\frac{1}{\nu}\sum_1^{\nu}\eta_j - \sqrt{\tfrac{2}{\pi}}\right)^4$$

bzw. aus

$$\left(\eta_0 - \sqrt{\tfrac{2}{\pi}}\right)^4 = \frac{1}{\nu^4}\left\{\sum_1^{\nu}\left(\eta_j - \sqrt{\tfrac{2}{\pi}}\right)\right\}^4$$

bestimmen. Man findet:

$$\mathfrak{E}\left\{\left(\eta_0 - \sqrt{\tfrac{2}{\pi}}\right)^4\right\} = \frac{1}{\nu^4}\left\{\nu\,\delta + 3\,\nu(\nu - 1)\left(\frac{\pi - 2}{\pi}\right)^2\right\}$$

und, auf (92) zurückgreifend,

$$K = \frac{1}{\nu}\left\{\delta + 3\,(\nu - 1)\left(\frac{\pi - 2}{\pi}\right)^2\right\}. \tag{96}$$

Setzt man nun die für G, H und K durch die Formeln (94), (95) und (96) gelieferten Werte in Formel (93) ein, so geht letztere in

$$\mathfrak{M}(\vartheta') = \frac{\sqrt{\dfrac{(\nu - 1)^2}{\nu}\,\delta\,\pi^2 - \dfrac{\nu^2 - 4\,\nu + 3}{\nu}\,(\pi - 2)^2}}{(\nu - 1)(\pi - 2)}$$

über, woraus sich vermöge der Substitutionen

$$\delta\,\pi^2 = (\pi - 2)^2 + 2(\pi^2 - 8)$$

und

$$\nu^2 - 4\,\nu + 3 = (\nu - 1)^2 - 2(\nu - 1)$$

$$\mathfrak{M}(\vartheta') = \frac{\sqrt{\dfrac{2}{\nu}\left\{(\nu - 1)^2(\pi^2 - 8) + (\nu - 1)(\pi - 2)^2\right\}}}{(\nu - 1)(\pi - 2)}$$

und schließlich

$$\mathfrak{M}(\vartheta') = \sqrt{\frac{2}{\nu}\left\{\frac{\pi^2 - 8}{(\pi - 2)^2} + \frac{1}{\nu - 1}\right\}} \qquad (97)$$

oder auch

$$\mathfrak{M}(\vartheta') = \sqrt{\frac{2}{\nu - 1} + \frac{8(\pi - 3)}{\nu(\pi - 2)^2}} \qquad (98)$$

bzw.

$$\mathfrak{M}(\vartheta') = \sqrt{\frac{2}{\nu - 1} + \frac{0,8692}{\nu}} \qquad (99)$$

ergibt. Stellt man die Formel (97) der Formel (88) gegenüber, so findet man:

$$\mathfrak{M}(\vartheta') = \sqrt{\mathfrak{M}^2(\vartheta) + \frac{2}{\nu(\nu - 1)}} \; . \qquad (100)$$

Die Größen β und ϑ bzw. ϑ' dienen dazu, eine Zahlenreihe η_j vom Standpunkte der Wahrscheinlichkeitstheorie aus summarisch zu charakterisieren. Will man aber außerdem den Gang der η_j-Werte im einzelnen daraufhin prüfen, inwiefern er mit den Vorausberechnungen der Wahrscheinlichkeitstheorie im Einklang steht, so sind die η_j-Werte nach ihrer Größe zu ordnen, oder ist die Reihe η_j in die Reihe η_λ umzubilden, und ist zu jedem empirischen Wert η_λ der entsprechende theoretische Wert $\bar{\eta}_\lambda$ nach Formel (74) zu berechnen. Soll der Verlauf der beiden Reihen η_λ und $\bar{\eta}_\lambda$ graphisch dargestellt werden, was sehr zweckmäßig ist, so braucht man übrigens nicht, angesichts des Umstands, daß ν verschiedene Werte annimmt, jedesmal von neuem die Werte $\bar{\eta}_\lambda$ zu berechnen, sondern man kann wie folgt verfahren.

An der Hand einer Tafel der Werte des Integrals P bestimmt man ein für alle Male die Werte $\psi(P)$, welche einer Anzahl passend gewählter Werte von P entsprechen, wie dies z. B. in nachstehender Tabelle geschehen ist:

Tabelle 7.

P	$\psi(P)$	P	$\psi(P)$	P	$\psi(P)$	P	$\psi(P)$
0,1	0,1257	0,4	0,5244	0,7	1,0365	0,95	1,9599
0,2	0,2533	0,5	0,6744	0,8	1,2815	0,99	2,5758
0,3	0,3853	0,6	0,8414	0,9	1,6448	0,999	3,2905

Mit Hilfe solch einer Tabelle läßt sich alsdann mit hinreichender Genauigkeit für ein beliebiges ν in einem rechtwinkligen Koordinatensystem eine Kurve zeichnen, deren Abszissen die Produkte νP und deren Ordinaten die Größen $\psi(P)$ darstellen. Diejenigen Ordinaten dieser Kurve nun, welche den Abszissen $1/_2$, $1\,1/_2$, $2\,1/_2$ usw. entsprechen, sind, der Formel (74) zufolge, nichts anderes als ein graphischer Ausdruck der Werte $\bar{\eta}_\lambda$ bei $\lambda = 1, 2, 3$ usw. Denn aus

$$P = \frac{2\lambda - 1}{2\nu} \text{ folgt: } \nu P = \lambda - \tfrac{1}{2}.$$ Was aber die empirischen Werte η_λ

anlangt, so sind sie in demselben Koordinatensystem und nach demselben Maßstab wie die Werte $\bar{\eta}_\lambda$ durch Perpendikel zu der Abszissenachse wiederum in der Entfernung $\lambda - \tfrac{1}{2}$, d. h. $^1/_2$, $1^1/_2$, $2^1/_2$ usw. von der Ordinatenachse darzuztellen. Durch geradlinige Verbindung der Endpunkte dieser Perpendikel miteinander entsteht eine gebrochene Linie, die um so eher als ein in den Grenzen bloß zufälliger Abweichungen sich haltendes Abbild der betreffenden Kurve wird angesehen werden können, je öfter sie sich mit letzterer kreuzen wird.

§ 11. Es handelt sich nunmehr darum, die in § 10 dargelegten Prüfungsmethoden auf das Rutherford-Geigersche Experiment, von welchem in § 9 die Rede war, anzuwenden. Für jede der unter I bis IV in den Tabellen 2, 4 und 5 wiedergegebenen Zahlenreihen ist zunächst nach Formel (62) der Wert Q^2 berechnet worden. Die so gewonnenen 12 verschiedenen Werte Q^2 sind durchlaufend numeriert worden und werden dementsprechend mit Q_j^2 bezeichnet, wobei der Index j die Werte 1, 2 usw. bis 12 annimmt. Sodann sind nach Formel (66a), in welcher die Indices bei m und s in gleichem Sinne wie bei Q_j^2 gedeutet werden müssen, die Werte $\mathfrak{M}(Q_j^2)$ bestimmt worden. Schließlich sind nach Formel (67) die Quotienten η_j, bei denen der Index j wiederum dieselbe Bedeutung wie bei Q_j^2 hat, ermittelt worden. Die Ergebnisse dieser Berechnungen sind in nachstehender Tabelle enthalten.

Tabelle 8.

j	τ (Min.)	Versuchsserie	Q_j^2	$\lvert Q_j^2 - 1 \rvert$	$\mathfrak{M}(Q_j^2)$	η_j
1	2	3	4	5	6	7
1		I	0,945	0,055	0,053	1,032
2	$^1/_8$	II	0,965	0,035	0,062	0,569
3		III	0,979	0,021	0,060	0,351
4		IV	0,915	0,085	0,062	1,369
5		I	0,891	0,109	0,073	1,488
6		II	0,996	0,004	0,085	0,047
7		III	0,953	0,047	0,082	0,454
8	$^1/_4$	Schema A IV	0,906	0,094	0,085	1,104
9		Schema B I	0,977	0,023	0,073	0,314
10		II	1,045	0,045	0,085	0,533
11		III	1,035	0,035	0,082	0,426
12		IV	1,020	0,020	0,085	0,235
	Durchschnitt		0,969	—	—	0,660

Von den ermittelten zwölf Q_j^2-Werten sind, wie man sieht, neun kleiner als 1. Der Durchschnitt der zwölf Werte stellt sich auf 0,9689. Demnach beträgt die Abweichung von dem Erwartungswert des Durchschnitts 0,0311. Andererseits findet man:

$$\mathfrak{M}\left(\frac{1}{\nu}\sum_1^\nu Q_j^2\right) = \frac{1}{\nu}\sqrt{\sum_1^\nu \mathfrak{M}^2(Q_j^2)} = 0,0216 , \qquad (100\,a)$$

so daß die konstatierte Abweichung (0,0311) das 1,44 fache des maßgebenden mittleren Fehlers (0,0216) ausmacht. Da die Wahrscheinlichkeit einer diese Grenze überschreitenden Abweichung gleich etwa 0,15 ist, so erscheint es zweifelhaft, ob das im gegebenen Fall im allgemeinen sich zeigende Zurückbleiben der Q_j^2-Werte hinter 1 dem Zufall zugeschrieben werden könne.

Hier erhebt sich aber die Frage, ob Formel (100a) auf den gegebenen Fall anwendbar ist. Sie gilt nämlich nur unter der Voraussetzung, daß die ν in Betracht kommenden Q_j^2-Werte bzw. die ihnen zugrunde liegenden Versuchsserien voneinander unabhängig sind. Diese Bedingung ist nun im vorliegenden Fall nicht erfüllt, weil es sich, wie in § 9 des näheren dargelegt worden ist, bei den Zahlenreihen *I—IV* des Schemas A und *I—IV* des Schemas B, die sich auf $1/_4$-Minuten-Intervalle beziehen, nicht um neue Versuche, sondern um eine neue Anordnung der Ergebnisse derjenigen Versuche handelt, die die Zahlenreihen *I—IV* der Tabelle 2 für $1/_8$-Minuten-Intervalle geliefert haben. Die in Frage stehende Abhängigkeit kommt bis zu einem gewissen Grade darin zum Ausdruck, daß, wenn man innerhalb jeder der drei Abteilungen, in die sich Tabelle 8 gliedert, die betreffenden vier Q_j^2-Werte nach ihrer Größe ordnet, von dem niedrigsten zum höchsten fortschreitend, man ziemlich übereinstimmende Reihenfolgen findet, nämlich:

in der 1. Abteilung: *IV,   I,   II,   III*;

„ „ 2. „ : *I,   IV,   III,   II*;

„ „ 3. „ : *I,   IV,   III,   II*.

Sofern nun diese gegenseitige Abhängigkeit der Q_j^2-Werte den Spielraum für die Wirkung der zufälligen Ursachen bei dem aus diesen Werten gebildeten Durchschnitt erweitert, möchte man geneigt sein, mit dem Verdacht, daß im gegebenen Fall unternormale Dispersion vorliegt, zurückzuhalten. Aber auch wenn man jede der drei Abteilungen der Tabelle 8 für sich betrachtet, ergeben sich auf der Grundlage von je vier Einzelwerten Q_j^2 Durchschnittswerte, die zum Teil noch weniger befriedigend sind als der soeben besprochene Gesamtdurchschnitt (0,969). Darüber informiert folgende Übersicht, wo unter Q_0^2 der jeweils aus vier Werten Q_j^2 gebildete Durchschnitt zu verstehen ist.

Abteilung	Q_0^2	$|Q_0^2 - 1|$	$\mathfrak{M}(Q_0^2)$
1	0,951	0,049	0,030
2	0,937	0,063	0,041
3	1,019	0,019	0,041

Es erübrigt, die η_j-Werte ins Auge zu fassen. Man erhält nach Formel (76): $\eta_0 = 0,6602$, dementsprechend nach Formel (77): $\beta = 0,8274$ und nach Formel (80): $\mathfrak{M}(\beta) = 0,2181$. Die Abweichung $|\beta - 1| = 0,1726$ beträgt demnach etwa 79 % des maßgebenden mittleren Fehlers. Außerdem findet man nach den Formeln (81) und (88): $\vartheta = 0,6066$, $\mathfrak{M}(\vartheta) = 0,4890$ und nach den Formeln (83) und (97): $\vartheta' = 0,6047$, $\mathfrak{M}(\vartheta') = 0,5042$. Man sieht hieraus, daß, wenn auch die Größen ϑ und ϑ' nicht unerheblich hinter 1 zurückbleiben, dies sehr wohl auf die Rechnung des Zufalls gesetzt werden kann.

Im einzelnen ist der Gang der η_λ-Werte, verglichen mit demjenigen der $\bar{\eta}_\lambda$-Werte, aus Fig. 1 zu ersehen. Die Figur ist so angelegt, wie es am Schluß des § 10 geschildert wurde. Die η_λ-Werte, welche sich für die Werte 1, 2 usw. bis 12 des Index λ ergeben, sind, der Tabelle 8, Zeile 7 zufolge, 0,047, 0,235 usw. bis 1,488 und erscheinen als Ordinaten, die den Abszissenwerten $\frac{1}{2}$, $1\frac{1}{2}$ usw. bis $11\frac{1}{2}$ entsprechen. Es sei zur Er-

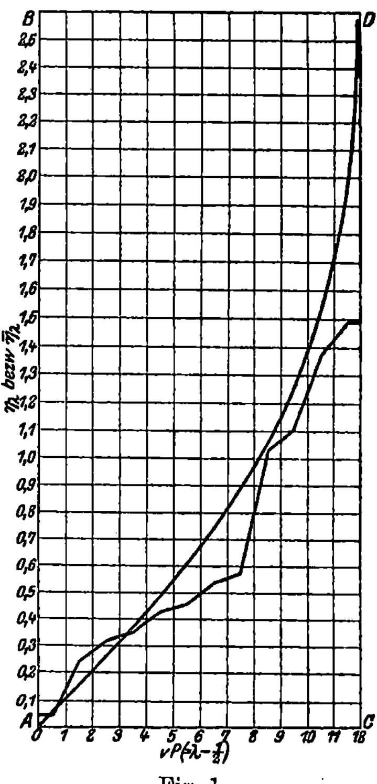

Fig. 1.

gänzung des im § 10 Dargelegten bemerkt, daß nicht nur die Endpunkte der Ordinaten η_1, η_2 usw. bis η_{12} miteinander durch Gerade verbunden worden sind, sondern daß außerdem der Endpunkt der Ordinate η_1 mit der Ordinatenachse AB und der Endpunkt der Ordinate η_{12} mit der Parallele CD zu der Ordinatenachse durch Parallelen zu der Abszissenachse AC verbunden worden sind. Die Fläche, die von oben durch die so gezeichnete gebrochene Linie, von unten durch die Abszissenachse, von links durch die

Ordinatenachse und von rechts durch die Gerade CD begrenzt ist, erscheint als ein genauer Ausdruck der Summe aller η_λ-Werte, weil

$$\frac{\eta_1}{2} + \frac{\eta_1 + \eta_2}{2} + \frac{\eta_2 + \eta_3}{2} + \cdots + \frac{\eta_{\nu-1} + \eta_\nu}{2} + \frac{\eta_\nu}{2} =$$

$$\eta_1 + \eta_2 + \cdots + \eta_{\nu-1} + \eta_\nu ,$$

und ein Vergleich dieser Fläche mit derjenigen Fläche, welche von oben durch die auf der Figur gezeichnete Kurve, von unten durch die Abszissenachse und von rechts durch die Gerade CD begrenzt ist, läßt erkennen, inwiefern die Reihe der Werte η_λ mit der Reihe der Werte $\bar{\eta}_\lambda$ im ganzen übereinstimmt. Ein solcher Vergleich ist nämlich nichts anderes als die geometrische Versinnlichung des numerischen Vergleichs zwischen η_0 und $\sqrt{\dfrac{2}{\pi}}$. Wird doch der eine Flächeninhalt durch $\nu\eta_0$, der andere durch $\nu\sqrt{\dfrac{2}{\pi}}$ ausgedrückt. Denn einerseits hat man:

$$\sum_{1}^{\nu} \eta_\lambda = \nu\eta_0 ,$$

und andererseits findet man auf Grund der Formeln (68), (69) und (73a):

$$\int_0^\nu \psi(P)\, d(\nu P) = \nu \int_0^\infty v\sqrt{2} \cdot \frac{2}{\sqrt{\pi}} e^{-v^2}\, dv = \nu\sqrt{\frac{2}{\pi}} \int_0^\infty 2\, v e^{-v^2}\, dv = \nu\sqrt{\frac{2}{\pi}} .$$

§ 12. Zur Beurteilung der Dispersion der x_i-Werte kann man, statt von den Größen $(x_i - m)^2$, von den Größen $|x_i - m|$ ausgehen.

Bezeichnet man mit μ die ganze Zahl, welche der Bedingung

$$m - 1 \leqq \mu < m$$

genügt, so besteht die Beziehung

$$\sum_{0}^{\infty} |x - m| w_x = \sum_{0}^{\mu} (m - x) w_x + \sum_{\mu+1}^{\infty} (x - m) w_x ,$$

wo

$$w_x = \frac{e^{-m} m^x}{1 \cdot 2 \, \ldots \, x}\,{}^1) . \tag{101}$$

Man hat aber mit Rücksicht auf Formel (54):

$$\sum_{0}^{\infty} x\, w_x = m ,$$

woraus

$$\sum_{\mu+1}^{\infty} (x - m) w_x = \sum_{0}^{\mu} (m - x) w_x$$

<hr>

$^1)$ Siehe oben die Formeln (50) und (51).

folgt. Daher

$$\sum_{0}^{\infty}{}_x \, |\, x - m \,|\, w_x = 2 \sum_{0}^{\mu}{}_x (m - x)\, w_x \, . \tag{102}$$

Diese Formel geht vermöge der Substitution $x\, w_x = m\, w_{x-1}$, die sich aus (101) ergibt, in

$$\sum_{0}^{\infty}{}_x \, |\, x - m \,|\, w_x = 2 \left(\sum_{0}^{\mu}{} \, m\, w_x - \sum_{1}^{\mu}{}_x m\, w_{x-1} \right)$$

und schließlich in

$$\sum_{0}^{\infty}{}_x \, |\, x - m \,|\, w_x = 2\, m\, w_\mu \tag{103}$$

über.

Also ist

$$\mathfrak{E}(\,|\, x_i - m \,|\,) = 2\, m\, w_\mu \tag{104}$$

oder, mit Rücksicht auf (101),

$$\mathfrak{E}(\,|\, x_i - m \,|\,) = \frac{2\, e^{-m}\, m^{\mu+1}}{1 \cdot 2 \ldots \mu} \, ,$$

und, unter Anwendung einer in § 5 benutzten Bezeichnung, läßt sich letztere Formel auch so schreiben:

$$\mathfrak{D}(x_i) = \frac{2\, e^{-m}\, m^{\mu+1}}{1 \cdot 2 \ldots \mu} \; {}^{1)} \, . \tag{104a}$$

Aus (104) folgt

$$\mathfrak{E}\left(\frac{1}{s} \sum_{1}^{s}{}_i \, |\, x_i - m \,|\, \right) = 2\, m\, w_\mu \, . \tag{105}$$

Es kann daher dem Ausdruck Q^2 der Ausdruck

$$C = \frac{\dfrac{1}{s} \sum_{1}^{s}{}_i \, |\, x_i - m \,|}{2\, m\, w_\mu} \tag{106}$$

nachgebildet werden, dessen mathematische Erwartung ebenfalls gleich 1 ist, so daß man berechtigt ist, C in gleicher Weise wie Q^2 zur Charakterisierung der Dispersion der x_i-Werte zu benutzen.

---

¹) Es ist auffallend, daß Bateman auf diese Formel, die sich übrigens schon in meiner Schrift „Das Gesetz der kleinen Zahlen", Leipzig 1898, S. 2, findet, nicht gekommen ist. Er bemerkt vielmehr (a. a. O., S. 707), nachdem er den mittleren Fehler für die Zahlen der Szintillationen bestimmt hat, d. h. die Relation $\mathfrak{M}(x_i) = \sqrt{m}$ abgeleitet hat, daß der entsprechende durchschnittliche Fehler viel schwerer zu berechnen sei („is much more difficult to calculate").

Formel (106) bedarf für den praktischen Gebrauch einer Umformung. Es ist:

$$\sum_1^s |x_i - m| = \sum_0^\mu (m - x)\,l_x + \sum_{\mu+1}^\infty (x - m)\,l_x,$$

und da, der Formel (52) zufolge,

$$\sum_0^\infty x\,l_x = m \sum_0^\infty l_x,$$

so findet man:

$$\sum_{\mu+1}^\infty (x - m)\,l_x = \sum_0^\mu (m - x)\,l_x$$

und folglich

$$\sum_1^s |x_i - m| = 2 \sum_0^\mu (m - x)\,l_x.$$

Daher geht Formel (106) in

$$C = \frac{m \sum_0^\mu l_x - \sum_0^\mu x\,l_x}{m\,w_\mu\,s} \tag{107}$$

über.

Was den mittleren Fehler des Quotienten C anlangt, so läßt er sich wie folgt bestimmen. Man hat zunächst:

$$\mathfrak{M}(|x_i - m|) = \sqrt{\mathfrak{E}\{(x - m)^2\} - \mathfrak{E}^2(|x - m|)}$$

oder

$$\mathfrak{M}(|x_i - m|) = \sqrt{m - 4\,m^2\,w_\mu^2},$$

findet sodann:

$$\mathfrak{M}\left(\sum_1^s |x_i - m|\right) = \sqrt{sm(1 - 4\,m\,w_\mu^2)}$$

und erhält schließlich:

$$\mathfrak{M}(C) = \sqrt{\frac{1 - 4\,m\,w_\mu^2}{4\,s\,m\,w_\mu^2}}. \tag{108}$$

Liegen ν verschiedene Werte C_j vor, so wird man in derselben Weise, wie es oben in bezug auf die Werte Q_j^2 geschehen ist, die Quotienten

$$\eta_j = \frac{|C_j - 1|}{\mathfrak{M}(C_j)} \tag{109}$$

berechnen und den wirklichen dem erwartungsmäßigen Gang dieser Quotienten gegenüberstellen können. Die Formeln (75) bis (100) finden auch hier Anwendung. Außerdem erhält man, in Übereinstimmung mit Formel (100a):

$$\mathfrak{M}\left(\frac{1}{\nu}\sum_{1}^{\nu}C_i\right) = \frac{1}{\nu}\sqrt{\sum_{1}^{\nu}\mathfrak{M}^2(C_j)}\,. \tag{110}$$

§ 13. Auf das Rutherford-Geigersche Experiment angewandt, ergeben die Formeln (107), (108) und (109) folgende Zahlenwerte.

Tabelle 9.

j	τ (Min.)	Versuchsserie	C_j	$\lvert C_j-1\rvert$	$\mathfrak{M}(C_j)$	η_j
1	2	3	4	5	6	7
1		I	0,964	0,036	0,028	1,267
2	$\}\ 1/_8$	II	0,978	0,022	0,032	0,699
3		III	1,053	0,053	0,030	1,778
4		IV	0,949	0,051	0,031	1,649
5		Schema A I	0,913	0,087	0,039	2,237
6		II	1,000	0,000	0,044	0,000
7		III	0,976	0,024	0,042	0,573
8	$\}\ 1/_4$	IV	0,958	0,042	0,043	0,968
9		Schema B I	0,964	0,036	0,039	0,926
10		II	1,003	0,003	0,044	0,068
11		III	1,031	0,031	0,042	0,741
12		IV	1,014	0,014	0,043	0,256
	Durchschnitt		0,984	—	—	0,930

Der arithmetische Durchschnitt der zwölf C_j-Werte beläuft sich auf 0,9836, ist somit von 1 weniger verschieden als der in § 11 festgestellte arithmetische Durchschnitt der zwölf Q_j^2-Werte. Aber nach Formel (110) findet man:

$$\mathfrak{M}\left(\frac{1}{\nu}\sum_{1}^{\nu}C_j\right) = 0,0111\,,$$

und dementsprechend beträgt die in Frage stehende Abweichung (0,0164) das 1,47fache des maßgebenden mittleren Fehlers. Die Vermutung, daß man es hier mit einer unternormalen Dispersion zu tun hat, wird also durch Anwendung des neuen Kriteriums C nicht beseitigt, obschon man wiederum mit der mangelnden Unabhängigkeit der betreffenden zwölf Versuchsserien rechnen muß.

Der Durchschnitt der zwölf η_j-Werte stellt sich auf $\eta_0 = 0,9304$. Demgemäß ist $\beta = 1,1661$ und beträgt die Abweichung $\beta - 1 = 0,1661$ etwa 76% des maßgebenden mittleren Fehlers (0,2181). Außerdem hat man in diesem Fall: $\vartheta = 1,2723$, $\vartheta' = 1,3352$ und, wie früher, $\mathfrak{M}(\vartheta) = 0,4890$, $\mathfrak{M}(\vartheta') = 0,5042$.

Der Verlauf der η_j- bzw. η_λ-Werte, verglichen mit demjenigen der $\bar\eta_\lambda$-Werte ist auf Figur 2 dargestellt, die genau ebenso wie Figur 1 angelegt ist.

§ 14. Sollte die in den §§ 11 und 13 festgestellte Dispersion der x_i-Werte im Rutherford-Geigerschen Experiment wirklich unternormal sein, so läge es ziemlich nahe, hierfür eine Erklärung darin zu suchen, daß ein Teil der Szintillationen der Registrierung entgeht, und zwar aus dem Grunde, weil die betreffenden Szintillationen in allzu kurzen Zeitabständen auf andere (registrierte) Szintillationen folgen. Daß hieraus eine unternormale Dispersion der x_i-Werte resultieren muß, erhellt aus folgender Betrachtung.

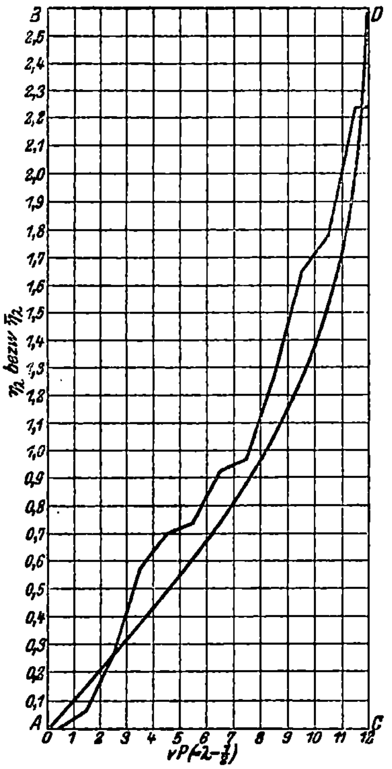

Es sei bei einer registrierten Zahl L die wirkliche Zahl der Szintillationen, die in der Zeit 0 bis T stattgefunden haben, $\overline{L}$. Dementsprechend sei $\dfrac{\overline{L}}{s} = \overline{m}$ und $\dfrac{\overline{m}}{\tau} = \overline{k}$. Man führe noch die Bezeichnung $\dfrac{\overline{L} - L}{L} = \gamma$ ein. Nimmt man ferner an, daß der Registrierung diejenigen Szintillationen entgehen, welche sich vor Ablauf eines Sekundenbruchteiles ε nach erfolgter Registrierung einer unmittelbar vorausgegangenen Szintillation ereignen, so läßt sich, wenn L hinreichend groß ist, näherungsweise

$$\overline{L} - L = \overline{k} L \varepsilon \tag{111}$$

oder, was dasselbe ist,

$$\gamma = \overline{k}\,\varepsilon \tag{112}$$

setzen. Man hat aber: $\overline{L} = (1 + \gamma) L$, daher auch $\overline{m} = (1 + \gamma) m$ und $\overline{k} = (1 + \gamma) k$. Folglich ergibt sich aus (112):

$$\gamma = (1 + \gamma)\, k\, \varepsilon$$

bzw.

$$\gamma = \frac{k\,\varepsilon}{1 - k\,\varepsilon}$$

oder auch, da $k\,\tau = m$,

$$\gamma = \frac{m\,\varepsilon}{\tau - m\,\varepsilon} \tag{113}$$

Fig. 2.

und

$$\varepsilon = \frac{\gamma}{1+\gamma} \cdot \frac{\tau}{m}.$$ (114)

Man könnte geneigt sein, eine Beziehung zwischen γ und ε auch in folgender Weise herzuleiten: Werden Szintillationen, die in kürzeren Abständen als ε aufeinander folgen, nicht mehr auseinander gehalten, so bedeutet das, möchte man meinen, daß solche Zeitabstände zwischen zwei unmittelbar aufeinander folgenden Szintillationen, welche kleiner als ε sind, für die Beobachtung in Wegfall kommen. Die erwartungsmäßige Zahl solcher Zeitabstände ist, den §§ 2 und 3 zufolge, durch $(1 - e^{-\bar{k}\varepsilon})\bar{L}$ gegeben, und man hätte:

$$\bar{L} - L = \left(1 - e^{-\bar{k}\varepsilon}\right)\bar{L}$$

oder

$$\gamma = (1 + \gamma)\left(1 - e^{-\bar{k}\varepsilon}\right),$$

woraus

$$\gamma = e^{\bar{k}\varepsilon} - 1$$ (115)

oder auch

$$\gamma = \bar{k}\varepsilon + \frac{\left(\bar{k}\,\varepsilon\right)^2}{1\cdot 2} + \frac{\left(\bar{k}\,\varepsilon\right)^3}{1\cdot 2\cdot 3} + \cdots$$ (116)

folgen würde. Hiernach erhielte man für γ einen etwas höheren Wert als es der Formel (112) entspricht. Diese Diskrepanz zwischen den beiden Ergebnissen erklärt sich dadurch, daß Fälle möglich sind, in denen auf einen Abstand $z^{(1)}$, der kleiner als ε ist, ein anderer Abstand $z^{(2)}$, der ebenfalls kleiner als ε ist, folgt, wobei aber $z^{(1)} + z^{(2)} > \varepsilon$. In derartigen Fällen wird, der gemachten Voraussetzung gemäß, ein Abstand der Länge $z^{(1)} + z^{(2)}$ statt zweier Abstände der Länge $z^{(1)}$ und $z^{(2)}$ registriert. Es kann auch vorkommen, daß eine größere Zahl n von Abständen, die sämtlich kleiner als ε sind, aufeinander folgt; sind dabei die Bedingungen $z^{(1)} + z^{(2)} + \ldots + z^{(n-1)} < \varepsilon$ und $z^{(1)} + z^{(2)} + \ldots + z^{(n-1)} + z^{(n)} > \varepsilon$ erfüllt, so wird wiederum ein Abstand zur Registrierung gelangen. So erweist sich die Annahme, daß sämtliche Abstände, die kleiner als ε sind, der Beobachtung entgehen, als nicht ganz zutreffend. Rechnet man aber mit dieser Annahme, so führt das eben zu einer Überschätzung der durch γ ausgedrückten Quote der nicht registrierten Szintillationen.

Es handelt sich nunmehr darum, die mit $\bar{l}_x$ zu bezeichnenden Zahlen der τ-Intervalle mit einer wirklichen Zahl x von Szintillationen zu bestimmen, oder, anders ausgedrückt, eine Neuverteilung der s τ-Intervalle nach der Zahl der auf dieselben entfallenden Szintillationen vorzunehmen. Hierbei wird man, bei entsprechend kleinen Werten von τ bzw. von m, wohl ziemlich das Richtige treffen, wenn man sich darauf beschränkt, von jeder gegebenen Zahl l_x einen bestimmten Bruchteil ϱ_x der nächsthöheren Klasse, d. h. der Gruppe der τ-Intervalle mit je $x + 1$ Szintillationen zu überweisen. Demnach erhält man den Ansatz:

$$\bar{l}_x = l_x + \varrho_{x-1}\, l_{x-1} - \varrho_x\, l_x \,. \tag{117}$$

Die Koeffizienten ϱ_x lassen sich nach dem Vorstehenden aus

$$\varrho_x\, l_x = \bar{k}\, l_x\, x\, \varepsilon$$

bestimmen, woraus, mit Rücksicht auf Formel (112),

$$\varrho_x = \gamma\, x \tag{118}$$

folgt. Auf diese Weise findet man:

$$\left.\begin{aligned}
\bar{l}_0 &= l_0 \\
\bar{l}_1 &= l_1 - \gamma\, l_1 \\
\bar{l}_2 &= l_2 + \gamma\, l_1 - 2\,\gamma\, l_2 \\
\bar{l}_3 &= l_3 + 2\,\gamma\, l_2 - 3\,\gamma\, l_3 \\
&\quad\text{usw.}
\end{aligned}\right\} \tag{119}$$

oder, allgemein ausgedrückt,

$$\bar{l}_x = l_x + \gamma\,(x - 1)\, l_{x-1} - \gamma\, x\, l_x \,. \tag{120}$$

Hieraus ergibt sich, was zur Kontrolle dienen kann:

$$\bar{l}_x x = l_x x + \gamma\, \{(x - 1)^2 l_{x-1} + (x - 1)\, l_{x-1} - x^2 l_x\}$$

und folglich

$$\bar{L} = L + \gamma\, \left\{\sum_{2}^{\infty} (x - 1)^2\, l_{x-1} + \sum_{2}^{\infty} (x - 1)\, l_{x-1} - \sum_{1}^{\infty} x^2\, l_x\right\}$$

oder

$$\bar{L} = L + \gamma\, L \,.$$

Ferner hat man:

$$\bar{l}_x x^2 = l_x x^2 + \gamma\, \{[(x - 1)^3 + 2\,(x - 1)^2 + (x - 1)]\, l_{x-1} - x^3 l_x\}$$

und folglich, unter Benutzung der abkürzenden Bezeichnungen

$$\sum_{0}^{\infty} l_x\, x^2 = M \,, \qquad \sum_{0}^{\infty} \bar{l}_x\, x^2 = \bar{M} \,,$$

$$\bar{M} = M + \gamma\,(2\,M + L) \,. \tag{121}$$

Der Formel (62) gemäß ist

$$Q^2 = \frac{M}{L} - m \,.$$

Der vorgenommenen Neuverteilung der x-Werte entspricht ein neuer Divergenzkoeffizient $\overline{Q}$, der sich offenbar aus

$$\overline{Q}^2 = \frac{\overline{M}}{\overline{L}} - \overline{m} \qquad (122)$$

bestimmen läßt. Unter Berücksichtigung der Formel (121) und der aus dem Früheren bekannten Relationen $\overline{L} = (1 + \gamma)\,L$ und $\overline{m} = (1 + \gamma)\,m$, geht Formel (122) zunächst in

$$\overline{Q}^2 = \frac{M + \gamma\,(2\,M + L)}{(1 + \gamma)\,L} - (1 + \gamma)\,m\,,$$

sodann in

$$\overline{Q}^2 = \frac{\dfrac{M}{L} - m + 2\,\gamma\left(\dfrac{M}{L} - m\right) + \gamma\,(1 - \gamma\,m)}{1 + \gamma}$$

und schließlich in

$$\overline{Q}^2 = \frac{(1 + 2\,\gamma)\,Q^2 + \gamma\,(1 - \gamma\,m)}{1 + \gamma} \qquad (123)$$

über.

Gesetzt nun, man habe $Q^2 < 1$ erhalten und es frage sich, welcher Wert von γ der Bedingung $\overline{Q}^2 = 1$ Genüge leistet, so wird man

$$\frac{(1 + 2\,\gamma)\,Q^2 + \gamma\,(1 - \gamma\,m)}{1 + \gamma} = 1$$

setzen und hieraus γ bestimmen müssen. Bringt man diese Gleichung auf die Form

$$m\,\gamma^2 - 2\,Q^2\gamma + 1 - Q^2 = 0\,,$$

so findet man:

$$\gamma = \frac{Q^2 - \sqrt{Q^4 - m\,(1 - Q^2)}}{m}\,. \qquad (124)$$

Von den beiden Wurzeln der Gleichung kommt nur die durch (124) dargestellte in Betracht, weil sie bei $Q^2 = 1$ das Ergebnis $\gamma = 0$ liefert, welches allein der Problemstellung entspricht.

Behandelt man die in Tabelle 2, Spalte 6 enthaltenen Zahlen so, als ob sie auf einer Versuchsserie mit konstantem Wert m beruhen würden, was, wie in § 9 gezeigt worden ist, prinzipiell nicht korrekt, aber im gegebenen Fall zulässig ist, so erhält man: $Q^2 = 0{,}9546$ — einen Zahlenwert, der, nebenbei bemerkt, von dem arithmetischen Durchschnitt der ersten vier Q_j^2-Werte in Tabelle 8 $(0{,}951)$ wenig verschieden ist — und setzt man in Formel (124) $Q^2 = 0{,}9546$ (und $m = 3{,}8715$), so findet man: $\gamma = 0{,}02505$. Auf der Grundlage dieses Wertes von γ erhält man ferner mit Hilfe des Formelsystems (119) die „korrigierten" Zahlen $\bar{l}_x$, die in nachstehender Tabelle 10 den ursprünglich gegebenen Zahlen l_x, welche früher mit $\overset{IV}{\underset{I}{\sum}} l_x^{(y)}$ bezeichnet wurden (Tabelle 2, Spalte 6) gegenübergestellt sind. Außerdem sind in dieser Tabelle die nach den Formeln

$$\mathfrak{E}(l_x) = \frac{m^x e^{-m} s}{1 \cdot 2 \ldots x}, \qquad \mathfrak{E}(\bar{l}_x) = \frac{\bar{m}^x e^{-\bar{m}} s}{1 \cdot 2 \ldots x}$$

berechneten erwartungsmäßigen Werte von l_x bzw. $\bar{l}_x$ sowie die Differenzen $l_x - \mathfrak{E}(l_x)$ bzw. $\bar{l}_x - \mathfrak{E}(\bar{l}_x)$ beigefügt. Dabei ist $s = 2608$, $m = 3,8715$, $\bar{m} = 3,9682$.

Tabelle 10.

x	l_x	$\mathfrak{E}(l_x)$	$l_x - \mathfrak{E}(l_x)$	$\bar{l}_x$	$\mathfrak{E}(\bar{l}_x)$	$\bar{l}_x - \mathfrak{E}(\bar{l}_x)$
1	2	3	4	5	6	7
0	57	54,3	+ 2,7	57	49,3	+ 7,7
1	203	210,3	− 7,3	198	195,7	+ 2,3
2	383	407,1	−24,1	369	388,3	−19,3
3	525	525,3	− 0,3	505	513,6	− 8,6
4	532	508,5	+23,5	518	509,5	+ 8,5
5	408	393,7	+14,3	410	404,3	+ 5,7
6	273	254,0	+19,0	283	267,4	+15,6
7	139	140,5	− 1,5	156	151,6	+ 4,4
8	45	68,0	−23,0	60	75,2	−15,2
9	27	29,2	− 2,2	30	33,1	− 3,1
10	10	11,3	− 1,3	13	13,2	− 0,2
11	4	4,0	—	6	4,7	+ 1,3
12	—	1,3	− 1,3	1	1,6	− 0,6
13	1	0,4	+ 0,6	—	0,4	− 0,4
14	1	0,1	+ 0,9	2	0,1	+ 1,9

Die neue Zahlenreihe $\bar{l}_x$ ergibt:

$$\bar{Q}^2 = \frac{\overset{\infty}{\underset{0}{\sum}}{}_x \bar{l}_x (x - \bar{m}^2)}{\bar{m}} = 0,9996 .$$

Wenn nicht genau $\bar{Q}^2 = 1$ herausgekommen ist, so liegt es an den Abrundungen, die bei Anwendung der Formel (120) gemacht werden mußten, damit sich für $\gamma x l_x$ ganzzahlige Werte ergeben. Dieser Umstand macht sich insbesondere bei den höchsten in der Tabelle vorkommenden Werten von x geltend. Man erhält nämlich $13 \gamma l_{13} = 0,33$ und $14 \gamma l_{14} = 0,35$, und je nachdem man $13 \gamma l_{13} = 14 \gamma l_{14} = 0$ (erste Variante), oder $13 \gamma l_{13} = 0$, $14 \gamma l_{14} = 1$

(zweite Variante), oder $13\,\gamma\,l_{13} = 1$, $14\,\gamma\,l_{14} = 0$ (dritte Variante) setzt, findet man: $\overline{Q}{}^2 = 0{,}9987$, oder $\overline{Q}{}^2 = 1{,}0007$, oder $\overline{Q}{}^2 = 0{,}9996$. Da letzterer Wert am wenigsten von 1 abweicht, sind in Tabelle 10 die Zahlen $\overline{l}_x$ von $x = 13$ an entsprechend der dritten Variante bestimmt worden. Bei dieser Variante erhält man: $\overline{L} = 10349$, $\overline{m} = 3{,}9682$, $\overline{M} = 51411$, so daß sich eine gute Übereinstimmung mit den Werten $(1 + \gamma)L = 10350$, $(1 + \gamma)m = 3{,}9685$, $M + \gamma(2\,M + L) = 51422$ ergibt[1]).

Die korrigierten Zahlen $\overline{l}_x$ weichen von ihren mathematischen Erwartungen im allgemeinen weniger ab als die ursprünglich gegegebenen Zahlen l_x von den ihrigen. Diesen Eindruck kann man schon durch einfache Zusammenaddierung der positiv genommenen Abweichungen $l_x - \mathfrak{E}(l_x)$ auf der einen Seite und der positiv genommenen Abweichungen $\overline{l}_x - \mathfrak{E}(\overline{l}_x)$ auf der anderen Seite bestätigt finden. Man erhält als Summe dort 122,0, hier 94,8. Will man aber die in Frage stehenden Abweichungen einer genauen Prüfung unterziehen, so empfiehlt es sich, sie einzeln auf die maßgebenden mittleren Fehler zu beziehen und aus den so erhaltenen Quotienten

$$\eta_j = \frac{|\,l_x - \mathfrak{E}(l_x)\,|}{\sqrt{s\,w_x(1 - w_x)}} \quad \text{bzw.} \quad \eta_j = \frac{|\,\overline{l}_x - \mathfrak{E}(\overline{l}_x)\,|}{\sqrt{s\,\overline{w}_x(1 - \overline{w}_x)}},$$

wo

$$w_x = \frac{e^{-m}\,m^x}{1 \cdot 2 \,\ldots\, x} \quad \text{und} \quad \overline{w}_x = \frac{e^{-\overline{m}}\,\overline{m}^x}{1 \cdot 2 \,\ldots\, x},$$

Durchschnitte zu bilden. Dabei wird man gut tun, die Zahlen l_9 bis l_{14} bzw. $\overline{l}_9$ bis $\overline{l}_{14}$ zu je einer Gruppe zusammenzufassen und dementsprechend die Ausdrücke

$$\frac{\sum\limits_{9}^{\infty}{}^x\,l_x - \mathfrak{E}\left(\sum\limits_{9}^{\infty}{}^x\,l_x\right)}{\sqrt{s\,\sum\limits_{9}^{\infty}{}^x\,w_x\left(1 - \sum\limits_{9}^{\infty}{}^x\,w_x\right)}}$$

bzw.

$$\frac{\sum\limits_{9}^{\infty}{}^x\,\overline{l}_x - \mathfrak{E}\left(\sum\limits_{9}^{\infty}{}^x\,\overline{l}_x\right)}{\sqrt{s\,\sum\limits_{9}^{\infty}{}^x\,\overline{w}_x\left(1 - \sum\limits_{9}^{\infty}{}^x\,\overline{w}_x\right)}}$$

zu berechnen. Auf diese Weise findet man für die beiden Zahlen-

---

[1]) Die Reihe $\overline{l}_x$ liefert nach Formel (107): $C = 0{,}9956$, während man für die Reihe l_x $C = 0{,}9725$ erhält.

reihen l_x und $\bar{l}_x$ je zehn Quotienten η_j, die in nachstehender Tabelle wiedergegeben sind.

Tabelle 11.

j	x	η_j	
		für die Zahlen l_x	für die Zahlen $\bar{l}_x$
1	0	0,370	1,107
2	1	0,525	0,171
3	2	1,299	1,060
4	3	0,015	0,423
5	4	1,162	0,420
6	5	0,783	0,309
7	6	1,256	1,009
8	7	0,130	0,368
9	8	2,828	0,563
10	9—14	0,489	0,153

Diese η_j-Werte, nach ihrer Größe, d. h. als η_λ-Werte geordnet, sind auf Fig. 3, die in ihrer Anlage mit den Fig. 1 und 2 übereinstimmt, graphisch dargestellt, wobei von den beiden gebrochenen Linien die punktierte sich auf die Zahlen $\bar{l}_x$ und die andere auf die Zahlen l_x bezieht. Es fällt in die Augen, daß die erste dieser gebrochenen Linien nur an einer Stelle, die zweite an relativ vielen Stellen (nämlich an sieben) die auf der Figur gezeichnete Kurve schneidet. Damit wird zum Ausdruck gebracht, daß die Abweichungen $|\bar{l}_x - \mathfrak{E}(\bar{l}_x)|$ in viel geringerem Maße als die Abweichungen $|l_x - \mathfrak{E}(l_x)|$ den Gesetzen des Zufalls entsprechen. Dies zeigt sich auch an den Werten η_0, β, ϑ und ϑ', die sich für jede der beiden Zahlenreihen herausstellen. Man findet nämlich:

Bei den Zahlen	η_0	β	$\mathfrak{M}(\beta)$	ϑ	$\mathfrak{M}(\vartheta)$	ϑ'	$\mathfrak{M}(\vartheta')$
l_x	0,886	1,110	} 0,239	1,074	} 0,536	1,178	} 0,556
$\bar{l}_x$	0,558	0,701		0,311		0,187	

Wenn sich, wie man sieht, die Werte η_j bei den Zahlen $\bar{l}_x$ im allgemeinen auf einem ungemein niedrigen Niveau halten und ungemein kleine Schwankungen aufweisen, so läßt sich das wohl darauf zurückführen, daß die Zahlenreihe $\bar{l}_x$ im Hinblick auf das Resultat $\overline{Q}^2 = 1$ konstruiert worden ist. Denn es ist zu erwarten, daß in der Regel eine übermäßig genaue Erfüllung der Formel $Q^2 = 1$ mit einer übermäßig genauen Erfüllung der Formeln $l_0 = \mathfrak{E}(l_0)$, $l_1 = \mathfrak{E}(l_1)$ usw. Hand in Hand gehen wird[1]). So sollen

---

[1]) Es ist übrigens zu beachten, daß die im Text für die Beurteilung der Dispersion der η_j-Werte sowie der Abweichung $|\beta - 1|$ aufgestellten Maßstäbe auf der Voraussetzung der gegenseitigen Unabhängigkeit der η_j-Werte beruhen.

denn auch die Zahlen $\bar{l}_x$ keinen Anspruch darauf erheben, nach jeder Richtung hin den Kriterien der Wahrscheinlichkeitstheorie zu genügen. Bei der Konstruktion dieser Zahlen galt es nur, zu zeigen, daß eine unternormale Dispersion der x_i-Werte mit Hilfe der Hypothese einer unvollständigen Registrierung der Szintillationen erklärt werden kann.

Inwiefern diese Hypothese eine innere Wahrscheinlichkeit für sich hat, das zu entscheiden ist Sache des Experimentators. Vom mathematischen Standpunkte aus kann nur noch darauf hingewiesen werden, daß man im gegebenen Fall, d. h. bei $\gamma = 0{,}02505$, $\tau = \frac{1}{8}$ Minute $= 7{,}5$ Sek. und $m = 3{,}8715$, nach Formel (114) $\varepsilon = 0{,}04735$ Sek. erhält. Demnach beträgt ε kaum $\frac{1}{10}$ des durchschnittlichen Zeitabstandes zwischen zwei Szintillationen, der sich für die $\frac{1}{8}$-Minuten-Intervalle mit der höchsten beobachteten Zahl von Szintillationen (14) ergibt.

§ 15. Statt, wie es in § 8 f. geschehen ist, den Beobachtungszeitraum T in s gleiche Intervalle (der Länge τ), auf welche kleine Zahlen von Szintillationen entfallen, zu zerlegen, bietet sich die Möglichkeit dar, die für σ Beobachtungszeiträume von verschiedener Länge, T_1, T_2 usw. bis T_σ, festgestellten großen Zahlen von Szintillationen L_1, L_2 usw. bis L_σ daraufhin zu prüfen, ob sich ihr Verlauf im Einklang mit der Wahrscheinlichkeitstheorie befindet. Dieser Fall unterscheidet sich also von dem vorhin behandelten dadurch, daß die Zeiträume, auf die sich die registrierten Zahlen der Szintillationen beziehen, nicht von gleicher Dauer sind, sowie dadurch, daß die genannten Zahlen große Zahlen sind,

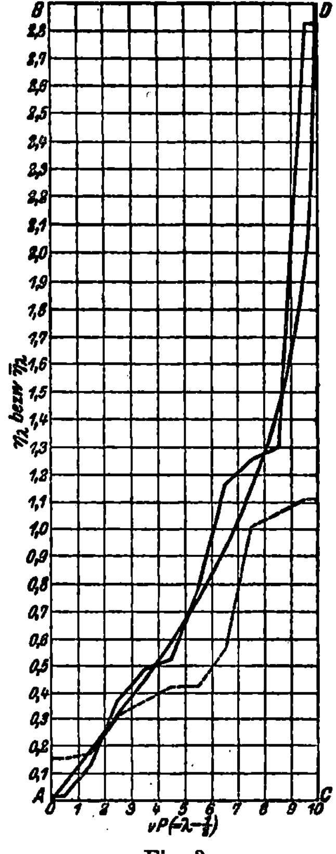

Fig. 3.

Im gegebenen Fall trifft aber diese Voraussetzung insofern nicht zu, als die Werte $|\,l_x - \mathfrak{E}(l_x)\,|$ bzw. $|\,\bar{l}_x - \mathfrak{E}(\bar{l}_x)\,|$ durch die identische Gleichung

$$\sum_0^\infty{}^x l_x = \sum_0^\infty{}^x \mathfrak{E}(l_x) = s \quad\text{bzw.}\quad \sum_0^\infty{}^x \bar{l}_x = \sum_0^\infty{}^x \mathfrak{E}(\bar{l}_x) = s$$

miteinander verbunden sind. Die dadurch bedingte Abhängigkeit macht sich jedoch um so weniger geltend, je größer die Zahl der Elemente in der Reihe l_x bzw. $\bar{l}_x$ ist.

4*

und zwar in dem Sinne, daß sie mindestens etwa 100 betragen. Andererseits braucht hier die Zahl der zu betrachtenden Zeitstrecken (σ) nicht groß zu sein, während die analoge Zahl dort (s) als große Zahl gedacht war. Letzterer Umstand gestattete die Anwendung der Formel (52), weil ja, nach Maßgabe der Formel (57), bei einem entsprechend großen s die Abweichung des empirischen Wertes $\dfrac{L}{s}$ von dem theoretischen Wert m bzw. $k\,\tau$ ignoriert werden kann. Es ist, m. a. W., dort so gerechnet worden, als ob die Größe k aus der Erfahrung genau ermittelt werden könnte. Jetzt soll hingegen nicht

$$k = \frac{\sum\limits_{1}^{\sigma} L_j}{\sum\limits_{1}^{\sigma} T_j}$$

gesetzt werden, was der Formel (52) entsprechen würde, sondern

$$k_0' = \frac{\sum\limits_{1}^{\sigma} L_j}{\sum\limits_{1}^{\sigma} T_j} \, , \qquad (125)$$

wobei k_0' als ein Näherungswert von k aufzufassen ist. Führt man die Bezeichnung $\dfrac{L_j}{T_j} = k_j'$ ein, so läßt sich k_0' auch als

$$k_0' = \frac{\sum\limits_{1}^{\sigma} T_j\, k_j'}{\sum\limits_{1}^{\sigma} T_j} \qquad (126)$$

darstellen.

Das Quadrat des Divergenzkoeffizienten und dessen mittlerer Fehler ergeben sich jetzt aus folgender Betrachtung. Es ist:

$$k_j' - k = (k_j' - k_0') + (k_0' - k)$$

und daher:

$$T_j (k_j' - k)^2 = T_j(k_j' - k_0')^2 + 2\,T_j(k_j' - k_0')\,(k_0' - k) + T_j(k_0' - k)^2 \, .$$

Hieraus geht unter Berücksichtigung von (126) die Formel

$$\sum\limits_{1}^{\sigma} T_j(k_j' - k)^2 = \sum\limits_{1}^{\sigma} T_j(k_j' - k_0')^2 + (k_0' - k)^2 \sum\limits_{1}^{\sigma} T_j \qquad (127)$$

hervor. Führt man noch die Bezeichnung $\dfrac{1}{\sigma} \sum\limits_{1}^{\sigma} T_j = T_0$ ein und beachtet man, daß, der Formel (56) entsprechend,

$$\mathfrak{M}(L_j) = \sqrt{k\,T_j} \tag{128}$$

und

$$\mathfrak{M}\left(\sum_1^\sigma L_j\right) = \sqrt{k\sigma T_j}\,,$$

daher

$$\mathfrak{M}(k_j') = \sqrt{\frac{k}{T_j}} \tag{129}$$

und

$$\mathfrak{M}(k_0') = \sqrt{\frac{k}{\sigma T_0}}\,, \tag{130}$$

so erhält man aus (127):

$$\mathfrak{E}\left\{\sum_1^\sigma T_j\,(k_j' - k_0')^2\right\} = \sigma k - k$$

oder

$$\mathfrak{E}\left\{\frac{1}{\sigma - 1}\sum_1^\sigma T_j\,(k_j' - k_0')^2\right\} = k\,. \tag{131}$$

Man setze der Kürze halber

$$\sum_1^\sigma T_j\,(k_j' - k_0')^2 = Z\,.$$

Aus (127) findet man:

$$Z = \sum_1^\sigma T_j\,(k_j' - k)^2 - \sigma T_0\,(k_0' - k)^2$$

und

$$Z^2 = \left\{\sum_1^\sigma T_j\,(k_j' - k)^2\right\}^2 - 2\,\sigma T_0\,(k_0' - k)^2 \sum_1^\sigma T_j\,(k_j' - k)^2 + \sigma^2 T_0^2(k_0' - k)^4$$

oder auch

$$\mathfrak{E}(Z^2) = U - 2\sigma T_0 V + \sigma^2 T_0^2 W\,, \tag{132}$$

wo

$$U = \mathfrak{E}\left\{\left[\sum_1^\sigma T_j\,(k_j' - k)^2\right]^2\right\}\,, \tag{133}$$

$$V = \mathfrak{E}\left\{(k_0' - k)^2 \sum_1^\sigma T_j\,(k_j' - k)^2\right\} \tag{134}$$

und

$$W = \mathfrak{E}\left\{(k_0' - k)^4\right\}\,. \tag{135}$$

Demnach ist

$$\mathfrak{M}(Z) = \sqrt{U - 2\sigma T_0 V + \sigma^2 T_0^2 W - (\sigma - 1)^2 k^2}\,. \tag{136}$$

Der Formel (129) zufolge hat man:

$$\mathfrak{E}\{T_j(k_j' - k)^2\} = k \, . \tag{137}$$

Ferner erhält man auf Grund der Formel (64):

$$\mathfrak{E}\{(L_j - k\,T_j)^4\} = 3\,k^2\,T_j^2 + k\,T_j$$

und daher

$$\mathfrak{E}\{T_j^2(k_j' - k)^4\} = 3\,k^2 + \frac{k}{T_j} \, . \tag{138}$$

Auf der Grundlage der beiden Formeln (137) und (138) geht Formel (133) in

$$U = 3\,\sigma\,k^2 + k\,\sum_1^\sigma \!{}_j \frac{1}{T_j} + \sigma(\sigma - 1)\,k^2$$

oder in

$$U = (\sigma^2 + 2\,\sigma)\,k^2 + k\,\sum_1^\sigma \!{}_j \frac{1}{T_j} \tag{139}$$

über.

Um V zu bestimmen, betrachte man zuerst

$$\mathfrak{E}\{T_j(k_0' - k)^2\,(k_j' - k)^2\} \, .$$

Es ist

$$T_j(k_0' - k)^2\,(k_j' - k)^2 = T_j(k_j' - k)^2\left\{\sum_1^\sigma \!{}_j \frac{T_j(k_j' - k)}{\sigma\,T_0}\right\}^2 ,$$

woraus sich, unter abermaliger Heranziehung der Formeln (137) und (138),

$$\mathfrak{E}\{T_j(k_0' - k)^2\,(k_j' - k)^2\} = \frac{T_j\left(3\,k^2 + \dfrac{k}{T_j}\right) + (\sigma\,T_0 - T_j)\,k^2}{\sigma^2\,T_0^2}$$

oder auch

$$\mathfrak{E}\{T_j(k_0' - k)^2\,(k_j' - k)^2\} = \frac{(\sigma\,T_0 + 2\,T_j)\,k^2 + k}{\sigma^2\,T_0^2}$$

ergibt. Somit verwandelt sich Formel (134) in

$$V = \frac{(\sigma^2\,T_0 + 2\,\sigma\,T_0)\,k^2 + \sigma\,k}{\sigma^2\,T_0^2}$$

oder in

$$V = \frac{(\sigma + 2)\,T_0\,k^2 + k}{\sigma\,T_0^2} \, . \tag{140}$$

Was schließlich W anlangt, so findet man aus

$$(k_0' - k)^4 = \left\{\sum_1^\sigma \!{}_j \frac{T_j(k_j' - k)}{\sigma\,T_0}\right\}^4 ,$$

wiederum auf Grund der beiden Formeln (137) und (138), an Stelle der Formel (135):

$$W = \frac{\sum_{1}^{\sigma}{}_{j}\left\{3\,T_j^2\,k^2 + T_j\,k + 3\,T_j\,(\sigma\,T_0 - T_j)\,k^2\right\}}{\sigma^4\,T_0^4}$$

oder

$$W = \frac{3\,\sigma\,T_0\,k^2 + k}{\sigma^3\,T_0^3} \, . \tag{141}$$

Setzt man nun die für U, V und W durch die Formeln (139), (140) und (141) gegebenen Ausdrücke in Formel (136) ein, so erhält man:

$$\mathfrak{M}(Z) = \sqrt{2\,(\sigma - 1)\,k^2 + \left\{\sum_{1}^{\sigma}{}_{j}\frac{1}{T_j} - \frac{2\,\sigma - 1}{\sigma\,T_0}\right\}k} \, . \tag{142}$$

Bezeichnet man nun mit T_h das harmonische Mittel aus den Werten T_j, so findet man:

$$\sum_{1}^{\sigma}{}_{j}\frac{1}{T_j} - \frac{2\,\sigma - 1}{\sigma\,T_0} = \frac{\sigma}{T_h} - \frac{\sigma}{T_0} + \frac{\sigma^2}{\sigma\,T_0} - \frac{2\,\sigma - 1}{\sigma\,T_0}$$

$$= \sigma\left(\frac{1}{T_h} - \frac{1}{T_0}\right) + \frac{(\sigma - 1)^2}{\sigma\,T_0}$$

und daher

$$\mathfrak{M}\left(\frac{Z}{\sigma - 1}\right) = k\sqrt{\frac{2}{\sigma - 1} + \frac{1}{\sigma\,k\,T_0}\left\{1 + \left(\frac{\sigma}{\sigma - 1}\right)^2\frac{T_0 - T_h}{T_h}\right\}} \, . \tag{143}$$

Stellt man fernerhin dieser Formel die der Formel (130) identische Formel

$$\mathfrak{M}(k_0') = k\,\frac{1}{\sqrt{\sigma\,k\,T_0}}$$

gegenüber, so sieht man, daß wenn die Zahlen L_j, wie vorausgesetzt worden ist, mindestens 100 betragen und dementsprechend auch $k\,T_0 > 100$ ist, der mittlere Fehler von k_0', im Vergleich zu demjenigen von $\dfrac{Z}{\sigma - 1}$, verschwindend klein ist. Dies berechtigt aber dazu, auf Grund der beiden Formeln (131) und (143) in Verbindung mit $\mathfrak{E}(k_0') = k$, näherungsweise zu setzen:

$$\mathfrak{E}\left\{\frac{Z}{(\sigma - 1)\,k_0'}\right\} = 1 \tag{144}$$

und

$$\mathfrak{M}\left\{\frac{Z}{(\sigma - 1)\,k_0'}\right\} = \sqrt{\frac{2}{\sigma - 1}} \, . \tag{145}$$

Demnach wird hier der Divergenzkoeffizient Q aus

$$Q^2 = \sum_1^\sigma \frac{T_j(k_j' - k_0')^2}{(\sigma - 1)\,k_0'} \tag{146}$$

zu bestimmen sein, wobei

$$\mathfrak{M}(Q^2) = \sqrt{\frac{2}{\sigma - 1}}\,. \tag{147}$$

Für den praktischen Gebrauch empfiehlt sich die der Formel (146) identische Formel

$$Q^2 = \frac{1}{(\sigma - 1)\,k_0'} \sum_1^\sigma \frac{(L_j - k_0' T_j)^2}{T_j}\,. \tag{148}$$

Bei $T_j = $ const. erhält man, wenn man $\dfrac{1}{\sigma}\sum_1^\sigma L_j = L_0$ setzt:

$$Q^2 = \sum_1^\sigma \frac{(L_j - L_0)^2}{(\sigma - 1)\,L_0}\,. \tag{149}$$

Dementsprechend müßte auch in Formel (60), sofern die darin auftretende Größe m aus des Erfahrung, d. h. nach Formel (52) bestimmt wird, streng genommen, nicht s, sondern $s - 1$ stehen. Formel (60) ist aber in obigem auf Fälle angewandt worden, in denen s einige Hundert beträgt. Daher war dort die in Frage stehende Korrektur belanglos.

Sind die T_j-Werte nicht erheblich voneinander verschieden, so können schon die beiden Formeln

$$Q^2 = \frac{1}{(\sigma - 1)\,k_0' T_0} \sum_1^\sigma (L_j - k_0' T_j)^2 \tag{150}$$

und

$$Q^2 = \frac{T_0}{(\sigma - 1)\,k_0'} \sum_1^\sigma \left(\frac{L_j}{T_j} - k_0'\right)^2 \tag{151}$$

gute Annäherungen liefern.

Auch in dem jetzt zur Erörterung stehenden Fall kann als Divergenzkoeffizient an Stelle von Q eine Größe benutzt werden, die sich, wie der aus dem Früheren bekannte Quotient C, daraus ergibt, daß man die positiv genommenen Abweichungen der Zahlen der Szintillationen von ihren mathematischen Erwartungen auf den maßgebenden durchschnittlichen Fehler bezieht. Diese Größe, die auch mit C bezeichnet werden soll und der Bedingung $\mathfrak{E}(C) = 1$ genügt, bestimmt sich aus

$$C = \frac{1}{\sigma} \sum_1^\sigma \frac{|L_j - k T_j|}{2\,k T_j\,w_{\mu_j}}\,, \tag{152}$$

wo

$$k T_j - 1 \leqq \mu_j < k T_j$$

und

$$w_{\mu_j} = \frac{e^{-kT_j}(kT_j)^{\mu_j}}{1 \cdot 2 \dots \mu_j} \, . \tag{153}$$

Nun ist aber vorausgesetzt worden, daß kT_j eine große Zahl, d. h. jedenfalls größer als 100 ist. Erfüllt m in der Formel

$$w_\mu = \frac{e^{-m}m^\mu}{1 \cdot 2 \dots \mu} \, , \tag{154}$$

wo $m - 1 \leqq \mu < m$, diese Bedingung, so findet man zunächst mit Hilfe der Stirlingschen Formel aus (154):

$$w_\mu = \frac{e^{-m}m^\mu}{e^{-\mu}\mu^\mu \sqrt{2\pi\mu}} \, ,$$

sodann

$$w_\mu = e^{-(m-\mu)} \cdot \left(1 + \frac{m-\mu}{\mu}\right)^\mu \cdot \sqrt{1 + \frac{m-\mu}{\mu}} \cdot \frac{1}{\sqrt{2\pi m}}$$

und schließlich (näherungsweise)

$$w_\mu = \frac{1}{\sqrt{2\pi m}} \, . \tag{155}$$

Dementsprechend verwandelt sich $2\,m\,w_\mu$ in $\sqrt{\dfrac{2\,m}{\pi}}$.

Zur Beurteilung des Genauigkeitsgrades der Formel $\sqrt{\dfrac{2\,m}{\pi}}$ als eines angenäherten Ausdrucks von $2\,m\,w_\mu$ möge folgende Tabelle dienen:

Tabelle 12.

m	$\dfrac{2e^{-m}m^{\mu+1}}{1 \cdot 2 \dots \mu}$	$\sqrt{\dfrac{2m}{\pi}}$	Differenz (3) — (2)
1	2	3	4
50	5,633	5,642	$+0{,}009$
100	7,972	7,979	$+0{,}007$
100,1	7,982	7,983	$+0{,}001$
100,2	7,987	7,987	$0{,}000$
100,3	7,992	7,991	$-0{,}001$
100,4	7,998	7,995	$-0{,}003$
100,5	8,002	7,999	$-0{,}003$
100,6	8,006	8,003	$-0{,}003$
100,7	8,008	8,007	$-0{,}001$
100,8	8,010	8,011	$+0{,}001$
100,9	8,012	8,015	$+0{,}003$
200	11,279	11,284	$+0{,}005$
300	13,815	13,820	$+0{,}005$
400	15,954	15,958	$+0{,}004$
500	17,838	17,841	$+0{,}003$
1000	25,231	25,231	$0{,}000$

Den Formeln (154) und (155) zufolge geht Formel (153) in

$$w_{\mu_j} = \frac{1}{\sqrt{2\pi k T_j}}$$

und dementsprechend Formel (152) in

$$C = \frac{1}{\sigma}\sqrt{\frac{\pi}{2k}} \sum_{1}^{\sigma} \frac{|L_j - k T_j|}{\sqrt{T_j}} \tag{156}$$

über.

Weiterhin findet man aus

$$\mathfrak{E}(|L_j - k T_j|) = \sqrt{\frac{2}{\pi} k T_j}$$

und

$$\mathfrak{E}\{(L_j - k T_j)^2\} = k T_j:$$

$$\mathfrak{M}(|L_j - k T_j|) = \sqrt{\frac{\pi-2}{\pi} k T_j} ,$$

somit

$$\mathfrak{M}\left(\frac{|L_j - k T_j|}{\sqrt{T_j}}\right) = \sqrt{\frac{\pi-2}{\pi} k}$$

und folglich

$$\mathfrak{M}(C) = \sqrt{\frac{\pi-2}{2\sigma}} \tag{157}$$

bzw.

$$\mathfrak{M}(C) = \frac{0,7555}{\sqrt{\sigma}} . \tag{158}$$

Letztere Formel steht in unmittelbarer Beziehung zu Formel (80). Man braucht nämlich nur

$$\frac{|L_j - k T_j|}{\sqrt{k T_j}} = \eta_j \tag{159}$$

zu setzen, d. h. der früheren Bezeichnungsweise gemäß durch η_j das Verhältnis der positiv genommenen Abweichung einer Größe von ihrer mathematischen Erwartung zu dem maßgebenden mittleren Fehler auszudrücken und, in Übereinstimmung mit Formel (76), die Relation

$$\frac{1}{\sigma}\sum_{1}^{\sigma} \eta_j = \eta_0$$

aufzustellen, um Formel (156) als

$$C = \eta_0 : \sqrt{\frac{2}{\pi}}$$

darstellen zu können, woraus, mit Rücksicht auf die Formeln (77) und (80), sich ohne weiteres Formel (158) ergeben würde, sofern gezeigt werden kann, daß für L_j näherungsweise das Gaußsche Gesetz gilt [weil nämlich Formel (80) unter einer analogen Voraussetzung bezüglich der Werte Q_j^2 abgeleitet worden ist].

Es sei $k\,T_j = m$. Dann ist durch

$$w_x = \frac{e^{-m}\,m^x}{1 \cdot 2 \ldots x}$$

die Wahrscheinlichkeit gegeben, daß L_j den Wert x annimmt oder, anders ausgedrückt, gibt w_x die Wahrscheinlichkeit einer Abweichung $x - m$ an. Setzt man $1 \cdot 2 \ldots x = x^x e^{-x}\sqrt{2\pi x}$, so erhält man

$$w_x = \frac{e^{x-m}}{\sqrt{2\pi x}}\left(\frac{m}{x}\right)^x$$

oder

$$w_x = \frac{e^{x-m}}{\sqrt{2\pi m}}\left(\frac{x}{m}\right)^{-(x+\frac{1}{2})}.$$

Bei hinreichend großem x kann der Exponent $-(x+\frac{1}{2})$ durch $-x$ ersetzt werden, und man findet:

$$w_x = \frac{e^{x-m}}{\sqrt{2\pi m}}\left(\frac{x}{m}\right)^{-x} \tag{160}$$

oder, unter Anwendung der neu einzuführenden Bezeichnung

$$\frac{x - m}{m} = \delta,$$

$$w_x = \frac{e^{m\delta}}{\sqrt{2\pi m}}(1 + \delta)^{-(1+\delta)m}.$$

Hieraus folgt:

$$\log\mathrm{nat}\,w_x = m\,\delta - (1 + \delta)\,m\log\mathrm{nat}(1 + \delta) - \log\mathrm{nat}\sqrt{2\pi m}. \tag{161}$$

Mit Hilfe der Zerlegung

$$\log\mathrm{nat}(1 + \delta) = \frac{\delta}{1} - \frac{\delta^2}{2} + \frac{\delta^3}{3} - \frac{\delta^4}{4} + \cdots$$

erhält man ferner aus (161), wenn man im Endresultat die dritten und höheren Potenzen von δ vernachlässigt:

$$\log\mathrm{nat}\,w_x = -\frac{m\,\delta^2}{2} - \log\mathrm{nat}\sqrt{2\pi m}$$

oder

$$w_x = \frac{1}{\sqrt{2\pi m}}e^{-\frac{m\delta^2}{2}}. \tag{162}$$

Zu derselben Näherungsformel gelangt man aber, wenn man die Wahrscheinlichkeit einer Abweichung $x - m = m\delta$ bzw. einer Abweichung, die zwischen den Grenzen $m\delta - \tfrac{1}{2}$ und $m\delta + \tfrac{1}{2}$ liegt, unter Zugrundelegung des Gaußschen Fehlergesetzes bestimmt. Man findet nämlich:

$$w_x = \frac{h}{\sqrt{\pi}} \int_{m\delta - \frac{1}{2}}^{m\delta + \frac{1}{2}} e^{-h^2 u^2}\, du$$

oder näherungsweise

$$w_x = \frac{h}{\sqrt{\pi}}\, e^{-h^2 (m\delta)^2}, \tag{163}$$

und weil hier $\dfrac{1}{2\,h^2} = m$, so fällt Formel (163) mit Formel (162) zusammen.

Auf Grund des Vorstehenden lassen sich auf die nach Formel (159) ermittelten Quotienten η_j alle diejenigen Betrachtungen anwenden, welche im § 10 über die dort mit η_j bezeichneten Quotienten angestellt worden sind. Nur daß in den betreffenden Formeln v durch σ zu ersetzen ist.

Beim praktischen Gebrauch der Formeln (156) und (159) wird für die darin auftretende Größe k die Größe k_0', zu deren Berechnung Formel (125) dient, zu substituieren sein, so daß die zur Bestimmung von C unmittelbar anzuwendende Formel wie folgt lautet:

$$C = \frac{1}{\sigma}\sqrt{\frac{\pi}{2\,k_0'}} \sum_{1}^{\sigma} \frac{|L_j - k_0' T_j|}{\sqrt{T_j}}. \tag{164}$$

Auch hier lassen sich neben dieser Formel zwei weniger genaue, den Formeln (150) und (151) nachgebildete Formeln aufstellen, nämlich:

$$C = \frac{1}{\sigma}\sqrt{\frac{\pi}{2\,k_0' T_0}} \sum_{1}^{\sigma} |L_j - k_0' T_j| \tag{165}$$

und

$$C = \frac{1}{\sigma}\sqrt{\frac{\pi T_0}{2\,k_0'}} \sum_{1}^{\sigma} \left|\frac{L_j}{T_j} - k_0'\right|. \tag{166}$$

§ 16. Um mit dem im § 15 behandelten Schema die Rutherford-Geigersche Untersuchung in Zusammenhang zu bringen, muß man, statt der Zahlen x_i, die Zahlen L_j (die in der 1. Zeile der Tabelle 2 angeführt sind) zum Gegenstand der Betrachtung machen. Setzt man dementsprechend in Formel (148) $L_1 = 3179$, $L_2 = 2334$, $L_3 = 2373$, $L_4 = 2211$, $T_1 = 792$, $T_2 = 596$, $T_3 = 632$, $T_4 = 588$, $k_0' = 3{,}87$ bzw. $3{,}8715$, was zur Voraussetzung hat, daß als Zeiteinheit $^1/_8$ Minute betrachtet wird, und $\sigma = 4$, so findet man:

$Q^2 = 2{,}85$, wobei der Formel (147) gemäß $\mathfrak{M}(Q^2) = 0{,}82$. Man hat es also hier höchstwahrscheinlich mit einer übernormalen Dispersion zu tun, womit ausgesagt ist, daß die Abweichungen der vier Werte m_j (bei $\tau = 1$ ist $k_j' = m_j$) von ihrem arithmetischen Durchschnitt nicht zufälliger Natur sein dürften (vgl. oben, § 9).

Eine andere Untersuchung, deren Ergebnisse überhaupt nur an der Hand des in § 15 erörterten Schemas wahrscheinlichkeitstheoretisch geprüft werden können, ist die von Erich Regener „Über Zählung der α-Teilchen durch die Szintillation und über die Größe des elektrischen Elementarquantums"[1]. Er teilt seine Ergebnisse in folgender Form mit:

Tabelle 13.

Versuchs-reihe Nr.[2]	Zahl der Lichtpunkte	Zeit in Sekunden	Lichtpunkte in 1000 Sek.	Differenz mit dem Mittel (542)
1	2	8	4	5
1	566	966	585	43
2	414	755	548	6
3	527	945	557	15
4	443	835	531	11
5	481	875	550	8
6	350	657	532	10
7	464	886	523	19
8	369	677	545	3
9	392	746	525	17
10	477	850	561	19
11	239	475	503	39
12	355	703	504	38
1—12	5077	9370	542	—

Den in § 15 gebrauchten Bezeichnungen gemäß handelt es sich bei den Zahlen der 1. Spalte der Tabelle 13 um die Indices j (wobei $\sigma = 12$), bei den Zahlen der 2. Spalte um die Größen L_j, bei den Zahlen der 3. Spalte um die Größen T_j (die Sekunde als Zeiteinheit betrachtet), bei den Zahlen der 4. Spalte um die Größen $1000 \dfrac{L_j}{T_j}$ und schließlich bei den Zahlen der 5. Spalte um die Werte $1000 \left| \dfrac{L_j}{T_j} - k_0' \right|$, wobei sich k_0' nach Formel (125) zu 0,542 berechnet.

---

[1] Sitzungsberichte der Kgl. Preußischen Akademie der Wissenschaften. Jahrgang 1909. S. 948—965.

[2] Durch Weglassung von zwei Versuchsreihen, die bei Regener figurieren, die er aber selbst aus einem besonderen Grunde von der weiteren Betrachtung ausschließt — das sind seine Nr. 5 und 6 — haben die Versuchsreihen, die bei ihm die Nr. 7 bis 14 führen, in Tabelle 13 die Nr. 5 bis 12 erhalten.

Regener kommentiert diese Ergebnisse wie folgt: „Im Mittel sollten ... 542 Lichtpunkte in 1000 Sekunden erscheinen. Die aus Spalte 7 (Spalte 5 in Tabelle 13) zu entnehmende Differenz mit dieser Zahl gibt die Abweichung jeder auf 1000 Sekunden umgerechneten Zählung vom Mittelwert. Nun ist nach von Schweidler bei Beobachtung von 542 α-Teilchen eine mittlere Abweichung von dieser Zahl um 23 α-Teilchen zu erwarten. Die in jedem einzelnen Falle beobachtete Schwankung kann natürlich viel größer sein. Wie aus Spalte 7 (Spalte 5 in Tabelle 13) ersichtlich, sind die Abweichungen bei den vorliegenden Zählungen mit der mittleren, nach von Schweidler berechneten sehr gut verträglich. Dabei ist noch zu beachten, daß den in Spalte 6 (Spalte 4 der Tabelle 13) angegebenen Zahlen fast durchweg kleinere tatsächlich beobachtete Zahlen zugrunde liegen, die aus den natürlichen Schwankungen zu berechnenden Abweichungen fast immer zu mehr als 23 α-Teilchen oder Lichtpunkte in 1000 Sekunden anzusetzen wären. Die durch die subjektive Beobachtung hereinkommenden Fehler können also nach dem Vorliegenden nur klein sein."

Hierzu ist folgendes zu bemerken: Der Maßstab, an welchem Regener die festgestellten Abweichungen vom Durchschnitt beurteilt, ist in der Weise gewonnen, daß aus dem Durchschnitt die Quadratwurzel gezogen worden ist. Es ist nämlich: $\sqrt{542} = 23{,}3$. Wenn in jeder der zwölf Versuchsreihen die Beobachtungszeit 1000 Sekunden betragen würde, würde der aufgestellte Maßstab im Einklang mit Formel (128) stehen. Denn man hätte nur in dieser Formel für k seinen Näherungswert k'_0, der sich im gegebenen Fall, wie bereits bemerkt worden ist, auf 0,542 stellt, zu substituieren, um, bei $T_j = 1000$, $\mathfrak{M}(L_j) = \sqrt{542}$ zu erhalten.

Aber die 1000 Sekunden der Regenerschen Berechnung stellen keine wirkliche Beobachtungszeit, sondern eine willkürlich gewählte Reduktionsbasis dar. Mit dem gleichen Recht könnte man die Reduktionsbasis gleich 100 Sekunden setzen. Dann würden sich die Zahlen der 5. Spalte in Tabelle 13 auf 4,3, 0,6, 1,5 usw. stellen, d. h. 10 mal kleiner ausfallen, während der nach Regeners Methode berechnete mittlere Fehler gleich 7,4 sein würde, d. h. sich bloß im Verhältnis von 1 zu $\sqrt{10}$ vermindern würde. Einer Reduktionsbasis von 10 000 Sekunden würden hingegen 10 mal so große Abweichungen als die in der Tabelle angegebenen entsprechen, während man als mittleren Fehler, der Regenerschen Berechnungsweise zufolge, 73,6, d. h. einen nur im Verhältnis von $\sqrt{10}$ zu 1 größeren Betrag als 23 erhalten würde.

Es ist also nicht statthaft,

$$\mathfrak{M}\left(1000\,\frac{L_j}{T_j}\right) = \sqrt{1000\,k} \tag{167}$$

zu setzen. Die korrekte Formel lautet vielmehr:

$$\mathfrak{M}\left(1000\,\frac{L_j}{T_j}\right) = 1000\,\sqrt{\frac{k}{T_j}} \tag{168}$$

oder auch

$$\mathfrak{M}\left(1000\,\frac{L_j}{T_j}\right) = \sqrt{\frac{1000}{T_j}}\cdot\sqrt{1000\,k}\,, \tag{169}$$

und weil im gegebenen Fall T_j in allen zwölf Versuchsreihen kleiner als 1000 ist, so führt Formel (167) zu einer Unterschätzung des mittleren Fehlers, an welchem die konstatierten Abweichungen beurteilt werden müssen.

In der zitierten Stelle gibt Regener selbst diesem Gedanken Ausdruck, aber es bleibt immerhin auffallend, daß er die Formel (167) — und sei es auch nur zum Zweck sozusagen vorläufiger Orientierung — benutzt hat. Hätte es doch viel näher gelegen, zu diesem Zweck die Formel $1000\,\sqrt{\dfrac{k}{T_0}}$ anzuwenden, welche nicht mehr 23, sondern 26 ergibt. Abgesehen davon ist Regeners Formulierung, derzufolge es bei Beurteilung der für jede der zwölf Versuchsreihen festgestellten Abweichungen darauf ankommen soll, ob L_j größer oder kleiner als $1000\,k_0'$ ist, nicht ganz zutreffend. In Wirklichkeit ist hier vielmehr, wie aus Formel (169) hervorgeht, der Umstand entscheidend, ob T_j größer oder kleiner als 1000 ist. Darum stellt sich auch für sämtliche zwölf Versuchsreihen, wie bereits bemerkt worden ist, der maßgebende mittlere Fehler auf einen höheren Wert als 23, die Versuchsreihe Nr. 1 nicht ausgenommen, obwohl hier $L_j = 566$, somit größer als 542 ist. Regener muß aber gerade an diese Versuchsreihe gedacht haben, als er sich dahin äußerte, daß der mittlere Fehler nicht immer, d. h. nicht in allen zwölf Fällen, sondern „fast immer" den Wert 23 übersteigt. Demnach hätte man, Regener zufolge,

$$\mathfrak{M}\left(1000\,\frac{L_1}{T_1}\right) < \sqrt{1000\,k_0'}\,,$$

und zwar deshalb, weil $L_1 > 1000\,k_0'$. Offenbar hat er nicht mit der Formel (168) bzw. mit der Formel

$$\mathfrak{M}\left(1000\,\frac{L_j}{T_j}\right) = 1000\,\sqrt{\frac{k_0'}{T_j}}\,, \tag{170}$$

welche für $j = 1$ einen größeren Wert als $\sqrt{1000\,k_0'}$, nämlich **23,7** ergibt, sondern mit der Formel

$$\mathfrak{M}\left(1000\,\frac{L_j}{T_j}\right) = \frac{1000\,k_0'}{\sqrt{L_j}} \qquad (171)$$

gerechnet, die in der Tat für $j = 1$ einen kleineren Wert als $\sqrt{1000\,k_0'}$, nämlich 22,8 liefert, und zwar aus dem Grunde, weil in diesem Fall $L_j > 1000\,k_0'$.

Auf die Formel (171) scheint **Regener** durch eine nicht ganz korrekte Anwendung des sogenannten „Schweidlerschen Gesetzes", auf das er sich eigens beruft, gekommen zu sein. Letzteres findet in der hier angenommenen Bezeichnungsweise seinen Ausdruck in der Formel:

$$\frac{\mathfrak{M}(L_j)}{\mathfrak{E}(L_j)} = \frac{1}{\sqrt{\mathfrak{E}(L_j)}} \,, \qquad (172)$$

welche ohne weiteres aus den Formeln $\mathfrak{M}(L_j) = \sqrt{kT_j}$ und $\mathfrak{E}(L_j) = kT_j$ folgt[1]). Formel (172) ergibt nun, wenn man darin $\mathfrak{E}(L_j)$ durch kT_j ersetzt:

$$\mathfrak{M}\left(1000\,\frac{L_j}{T_j}\right) = \frac{1000\,k}{\sqrt{\mathfrak{E}(L_j)}} \,, \qquad (173)$$

und in letzterer Formel müßte man für den Ausdruck k seinen Näherungswert k_0' und für den Ausdruck $\mathfrak{E}(L_j)$ seinen Näherungswert L_j substituieren, um zu Formel (171) zu gelangen. Da $\mathfrak{E}(L_j) = kT_j$, so läuft diese Verfahrungsweise darauf hinaus, die Unbekannte k im Zähler des betreffenden Ausdrucks durch k_0' und im Nenner desselben Ausdrucks durch $\dfrac{L_j}{T_j}$ zu ersetzen, was selbstverständlich unzulässig ist[2]).

An sich könnte man geneigt sein, das Operieren mit Formel (171) bei **Regener** damit zu erklären, daß er den Ausdruck $\sqrt{\mathfrak{E}(L_j)}$ der **Schweidler**schen Formel mit dem Ausdruck $\sqrt{L_j}$ verwechselt hat. Allein gegen diesen Erklärungsversuch spricht der Umstand, daß **Regener** selbst das „Schweidlersche Gesetz" in einer Formulierung wiedergibt, welche solch eine Verwechslung auszuschließen scheint[3]).

---

[1]) Darüber, wie von **Schweidler** selbst Formel (172) ableitet, ist weiter unten (im § 18) die Rede.

[2]) Würde man bei der Versuchsreihe Nr. 1 sowohl im Zähler als im Nenner $k = \dfrac{L_j}{T_j}$ setzen, so erhielte man 24,6 (statt 22,8).

[3]) Edgar **Meyer** und Erich **Regener**, Über Schwankungen der radioaktiven Strahlung usw., in den Annalen der Physik, 4. Folge, Bd. 25. Leipzig 1908, S. 759—760.

Wie dem auch sei, ist die Art und Weise, wie Regener es versucht hat, seinen experimentellen Ergebnissen vom Standpunkte der Wahrscheinlichkeitstheorie aus beizukommen, nicht nur etwas summarisch, sondern sie birgt auch leicht zu vermeiden gewesene Ungenauigkeiten und Inkonsequenzen in sich[1].

Will man streng methodisch die Frage prüfen, ob die in Tabelle 13 sich zeigenden Schwankungen der Verhältniszahlen $\dfrac{L_j}{T_j}$ als zufällige angesehen werden können, so hat man die in § 15 aufgestellten Formeln heranzuziehen. Man findet:

Nach Formel	Q^2	Nach Formel	C
(148)	0,813	(164)	0,892
(150)	0,844	(165)	0,894
(151)	0,830	(166)	0,901

Zu den nach den Formeln (148) und (164) berechneten Werten von Q^2 und C lassen sich mit Hilfe der Formeln (147) und (158) die zugehörigen mittleren Fehler bestimmen. Man erhält: $\mathfrak{M}(Q^2) = 0,426$ und $\mathfrak{M}(C) = 0,218$, so daß die gegebenen Abweichungen $1 - Q^2 = 0,187$ und $1 - C = 0,108$ etwa $44\,^0/_0$ bzw. $49\,^0/_0$ der maßgebenden mittleren Fehler ausmachen. Demnach ist man nicht berechtigt, in diesem Fall unternormale Dispersion anzunehmen. Das Zurückbleiben des Divergenzkoeffizienten hinter 1 kann vielmehr sehr wohl einen zufälligen Charakter haben.

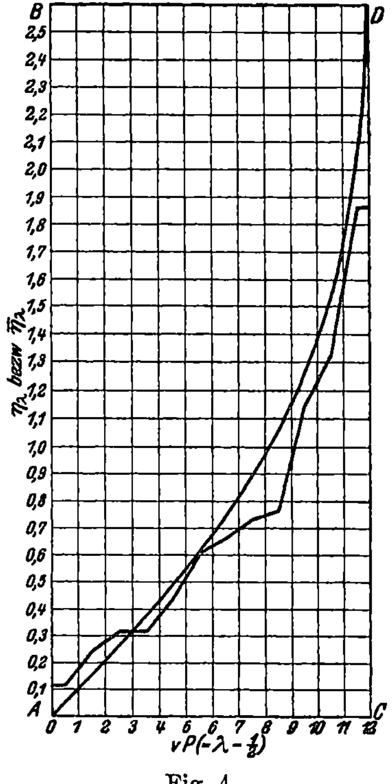

Fig. 4.

Die nach Formel (159) ermittelten Werte von η_j bzw. η_λ sind auf Fig. 4 in derselben Weise, wie es in bezug auf analoge Werte auf den Fig. 1 bis 3 geschehen ist, zur Darstellung gebracht. Zur Beurteilung der Dispersion dieser Werte können auch hier die Formeln (81) und (83) dienen, in denen ν durch σ zu ersetzen ist. Man findet: $\vartheta = 0,678$, $\vartheta' = 0,716$, d. h. erheblich kleinere

---

[1] Es braucht kaum eigens angemerkt zu werden, daß mit diesem Urteil die Regenersche Untersuchung als solche keineswegs getroffen wird, weil für diese Untersuchung die Schwankungen der Zahlen der Szintillationen durchaus nebensächlich sind.

Werte als 1. Da jedoch, den Formeln (88) und (99) zufolge, $\mathfrak{M}(\vartheta) = 0{,}489$ und $\mathfrak{M}(\vartheta') = 0{,}504$, so verbietet sich auch bezüglich der η_j-Werte der Schluß auf unternormale Dispersion.

§ 17. Der mathematische Apparat, welcher im vorstehenden benützt worden ist, beruht, wie aus den Darlegungen des § 2 hervorgeht, auf gewissen Ansätzen viel zu allgemeiner Natur, als daß sie auf das besondere Phänomen der radioaktiven Strahlung irgendwie speziell Bezug nehmen würden. Es bietet sich aber die Möglichkeit dar, den betreffenden wahrscheinlichkeitstheoretischen Formeln eine speziellere Grundlage zu geben, und zwar dadurch, daß man seinen Ausgangspunkt von der sogenannten Zerfallstheorie nimmt, derzufolge jede Szintillation bewirkt wird durch ein α-Teilchen, das bei der Umwandlung eines Atoms der radioaktiven Substanz von dieser ausgesandt wird.

Nimmt man an, daß die Wahrscheinlichkeit, die für jedes einzelne Atom besteht, eine bestimmte Zeit t zu überdauern, d. h. vor Ablauf dieser Zeit keine Umwandlung zu erfahren, in bestimmter Weise von der Länge und nur von der Länge dieser Zeit abhängt, so läßt sich die in Frage stehende Wahrscheinlichkeit als eine Funktion von t auffassen. Man bezeichne sie mit $\Phi(t)$. Ähnlich wie in § 2 die Formel (2), kann hier die Formel

$$\Phi(t + h) = \Phi(t) \cdot \Phi(h) \tag{174}$$

aufgestellt und aus ihr

$$\frac{\Phi'(t)}{\Phi(t)} = \text{const.}$$

abgeleitet werden. Da $\Phi'(t) < 0$, so hat man:

$$\frac{\Phi'(t)}{\Phi(t)} = -\lambda \,, \tag{175}$$

wo unter λ eine Konstante zu verstehen ist, die notwendig positiv ist. Die Differentialgleichung (175) führt aber, da $\Phi(0) = 1$, zu der Formel:

$$\Phi(t) = e^{-\lambda t} \,. \tag{176}$$

Um diese Formel[1]) für die weiteren hier anzustellenden Betrachtungen zu verwerten, muß auf das grundlegende an der

---

[1]) Bezeichnet man mit J. W. Gibbs (Elementary principles in statistical mechanics. New York 1902, S. 16) den Log nat einer Wahrscheinlichkeit als ihren Index, so kann man von der Wahrscheinlichkeit, die für ein Atom besteht, eine bestimmte Zeit zu überdauern, auf Grund der Formel (176) aussagen, daß der Index dieser Wahrscheinlichkeit, absolut genommen, der Länge der betreffenden Zeit direkt proportional ist. Wenn aber bei E. Meyer und E. Regener (Annalen der Physik, Bd. 25, S. 758) zu lesen ist: „Die Wahrscheinlichkeit, daß ein Atom in einer gegebenen Zeit zerfällt, wird proportional dieser Zeit sein", so

Kombinatorik orientierte Schema der Wahrscheinlichkeitsrechnung zurückgegriffen werden. Diesem Schema zufolge ist die Wahrscheinlichkeit, daß ein bestimmtes Ereignis, dessen Wahrscheinlichkeit bei einem Versuch gleich p ist, bei n Versuchen x Male eintritt, durch

$$P_{n,x} = \frac{n(n-1)\ldots(n-x+1)}{1\cdot 2\ldots x}\, p^x q^{n-x}, \qquad (177)$$

wo $q = 1 - p$, gegeben. Es ist

$$\sum_{0}^{n}{}_x P_{n,x} = 1\,. \qquad (178)$$

Ferner findet man aus (177):

$$P_{n,x} = \frac{n\,p}{x}\, P_{n-1,x-1}\,. \qquad (179)$$

Daher:

$$\sum_{0}^{n}{}_x P_{n,x}\, x = \sum_{1}^{n}{}_x P_{n,x}\, x = n\,p \sum_{1}^{n}{}_x P_{n-1,x-1}$$

oder auch, da

$$\sum_{1}^{n}{}_x P_{n-1,x-1} = \sum_{0}^{n-1}{}_x P_{n-1,x} = 1\,,$$

$$\sum_{0}^{n}{}_x P_{n,x}\, x = n\,p \qquad (180)$$

bzw.

$$\mathfrak{E}(x) = n\,p\,. \qquad (181)$$

Um $\mathfrak{M}(x)$ zu bestimmen, fasse man den Ausdruck

$$\omega_n^{(r)} = \sum_{0}^{n}{}_x P_{n,x}\,(x - n\,p) \qquad (182)$$

ins Auge, in welchem unter r eine beliebige ganze positive Zahl zu verstehen ist. Formel (182) läßt sich auch so darstellen:

$$\omega_n^{(r)} = \sum_{0}^{n}{}_x P_{n,x}\, x(x - n\,p)^{r-1} - n\,p \sum_{0}^{n}{}_x P_{n,x}(x - n\,p)^{r-1}\,. \qquad (183)$$

Ferner erhält man auf Grund der Zerlegung

$$x - n\,p = (x-1) - (n-1)p + q$$

unter Heranziehung der Formel (179):

$$\sum_{0}^{n}{}_x P_{n,x}\, x(x - n\,p)^{r-1} = n\,p \sum_{1}^{n}{}_x P_{n-1,x-1}\{(x-1) - (n-1)p + q\}^{r-1}$$

---

ist diese Formulierung ungenau oder jedenfalls unvollständig, weil ja die hier gemeinte Wahrscheinlichkeit, der Formel (176) gemäß, gleich $1 - e^{-\lambda t}$ ist und man nur näherungsweise, bei einem kleinen Wert des Produkts λt, setzen darf: $1 - e^{-\lambda t} = \lambda t$. Das Nähere darüber folgt weiter im Text.

oder auch

$$\sum_{0}^{n} P_{n,x}\, x(x - n p)^{r-1} = n p \sum_{0}^{n-1} P_{n-1,x}\left\{[x - (n-1)p] + q\right\}^{r-1},$$

somit

$$\sum_{0}^{n} P_{n,x}\, x(x - n p)^{r-1} =$$

$$n p \left\{ \omega_{n-1}^{(r-1)} + (r-1)q\, \omega_{n-1}^{(r-2)} + \frac{(r-1)(r-2)}{1 \cdot 2} q^2 \omega_{n-1}^{(r-3)} + \cdots + q^{r-1} \right\},$$

so daß Formel (183) in

$$\omega_n^{(r)} = n p \left\{ \omega_{n-1}^{(r-1)} + (r-1)q\, \omega_{n-1}^{(r-2)} + \frac{(r-1)(r-2)}{1 \cdot 2} q^2 \omega_{n-1}^{(r-3)} + \cdots + q^{r-1} - \omega_n^{(r-1)} \right\} \quad (184)$$

übergeht.

Auf Grund der Formeln (178) und (180) hat man:

$$\omega_n^{(0)} = 1 \tag{185}$$

und

$$\omega_n^{(1)} = 0 , \tag{186}$$

und die Anwendung der Formel (184) auf die Fälle $r = 2$, $r = 3$ und $r = 4$ ergibt:

$$\omega_n^{(2)} = n p q , \tag{187}$$

$$\omega_n^{(3)} = n p \left\{ (n-1) p q + q^2 - n p q \right\} = n p q (q - p) , \tag{188}$$

$$\omega_n^{(4)} = n p \left\{ (n-1) p q (q - p) + 3 q (n-1) p q + q^3 - n p q (q - p) \right\}$$

oder

$$\omega_n^{(4)} = 3 n^2 p^2 q^2 + n p q - 6 n p^2 q^2 . \tag{189}$$

Aus Formel (187) folgt:

$$\mathfrak{M}(x) = \sqrt{n p q} . \tag{190}$$

Diese Formel läßt sich übrigens auch in folgender Weise ableiten. Die Zahl x, d. h. die Ereigniszahl, die der Versuchszahl n entspricht, kann als Summe der Ereigniszahlen, die n verschiedenen Versuchen entsprechen, aufgefaßt werden. Letztere Ereigniszahlen, die man mit ξ_1, ξ_2 usw. bis ξ_n bezeichnen möge, können nur die beiden Werte 0 (mit der Wahrscheinlichkeit q) und 1 (mit der Wahrscheinlichkeit p) annehmen. Demnach hat man:

$$\mathfrak{E}(\xi_i) = 0 \cdot q + 1 \cdot p = p$$

und

$$\mathfrak{M}(\xi_i) = \sqrt{(0 - p)^2 q + (1 - p)^2 p}$$

oder

$$\mathfrak{M}(\xi_i) = \sqrt{p q} .$$

Weil aber $x = \xi_1 + \xi_2 + \ldots + \xi_n$, so ist

$$\mathfrak{M}(x) = \sqrt{n\,p\,q}\,^1).$$

Es gilt nunmehr, dieses kombinatorische Schema der Wahrscheinlichkeitsrechnung mit dem Problem der wahrscheinlichkeitstheoretischen Betrachtung der radioaktiven Strahlung in Zusammenhang zu bringen.

Gesetzt, die Zahl der Atome der radioaktiven Substanz, mit welcher experimentiert wird, sei zu Beginn der Beobachtung, mithin zur Zeit 0, gleich N_0 und zu irgendeiner späteren Zeit t gleich N_t. Betrachtet man die einzelnen Atome als unabhängig voneinander in bezug auf ihr Schicksal, so erscheint N_0 als Zahl der Versuche und entspricht der Zahl n in obigen Formeln. Das „Ereignis", um welches es sich hier handelt, ist der Zerfall eines Atoms vor Ablauf der Zeit t. Demnach erhält man, der Formel (176) entsprechend:

$$p = 1 - e^{-\lambda t} \tag{191}$$

und

$$q = e^{-\lambda t}, \tag{192}$$

wobei q die Wahrscheinlichkeit des Überdauerns der Zeit t durch das Atom darstellt. Schließlich ist hier die Ereigniszahl x durch die Zahl der in der Zeit 0 bis t zerfallenden Atome, somit durch $N_0 - N_t$ gegeben. Setzt man $N_0 - N_t = X_t$, so findet man auf der Grundlage der Formeln (181) und (190):

$$\mathfrak{E}(X_t) = N_0(1 - e^{-\lambda t}) \tag{193}$$

und

$$\mathfrak{M}(X_t) = \sqrt{N_0(1 - e^{-\lambda t})\,e^{-\lambda t}}. \tag{194}$$

Nun stellt sich aber λ — die sogenannte Abklingungskonstante — als ein so kleiner Bruch dar, daß λt bei den praktisch in Betracht kommenden Werten von t auch noch sehr klein ist. So beträgt λ, auf den Tag als Zeiteinheit bezogen, nach Regener[2] für das Polonium 0,00535. Andererseits ist die längste Beobachtungsstrecke in Regeners Experiment nach Tabelle 13 gleich 966 Sekunden. Demnach erhält man in diesem Fall:

$$\lambda t = \frac{0{,}005\,35 \cdot 966}{60 \cdot 60 \cdot 24} = 0{,}000\,059\,8\,.$$

---

[1] Auf diese Ableitung scheint zuerst der dänische Mathematiker L. Oppermann hingewiesen zu haben. Siehe H. Westergaard, Die Grundzüge der Theorie der Statistik. Jena 1890, S. 76.

[2] A. a. O., S. 958.

So ist es denn gestattet, in den Zerlegungen

$$1 - e^{-\lambda t} = \lambda t - \frac{(\lambda t)^2}{1 \cdot 2} + \frac{(\lambda t)^3}{1 \cdot 2 \cdot 3} - \cdots$$

und

$$e^{-\lambda t}(1 - e^{-\lambda t}) = \lambda t - \frac{3(\lambda t)^2}{1 \cdot 2} + \frac{7(\lambda t)^3}{1 \cdot 2 \cdot 3} - \cdots$$

die zweiten und höheren Potenzen des Produkts λt zu vernachlässigen. Dadurch gehen die Formeln (193) und (194) in

$$\mathfrak{E}(X_t) = \lambda N_0 t \tag{195}$$

und

$$\mathfrak{M}(X_t) = \sqrt{\lambda N_0 t} \tag{196}$$

über. Zugleich findet man aus (193) und (194) die Relation

$$\mathfrak{M}^2(X_t) : \mathfrak{E}(X_t) = e^{-\lambda t}, \tag{197}$$

welche sich, mit Rücksicht auf die Kleinheit von λt, von der Relation

$$\mathfrak{M}^2(X_t) : \mathfrak{E}(X_t) = 1, \tag{198}$$

die unmittelbar aus (195) und (196) folgt, nicht merklich unterscheidet.

Die Bedingung, daß λt klein sei, kann auch dahin formuliert werden, daß die Beobachtungszeit t im Vergleich zu der mittleren Lebensdauer eines Atoms kurz sei. Letztere, aufgefaßt als mathematische Erwartung der Zeit, nach deren Ablauf das Atom zerfällt, ist nämlich durch

$$-\int_0^\infty \Phi'(t)\, t\, dt$$

gegeben, weil $- \Phi'(t)\, dt$ die Wahrscheinlichkeit des Zerfalls in dem unendlich kleinen Zeitintervall t bis $t + dt$ zum Ausdruck bringt. Durch partielle Integration findet man aber unter Berücksichtigung der Formel (176):

$$-\int_0^\infty \Phi'(t)\, t\, dt = \int_0^\infty \Phi(t)\, dt = \int_0^\infty e^{-\lambda t}\, dt = \frac{1}{\lambda}.$$

Demnach besagt obige Formulierung in der Tat nichts anderes, als daß der Quotient $t : \frac{1}{\lambda}$ oder, was dasselbe ist, das Produkt λt klein sein müsse.

§ 18. Aus Formel (198) geht ohne weiteres die Beziehung

$$\frac{\mathfrak{M}(X_t)}{\mathfrak{E}(X_t)} = \frac{1}{\sqrt{\mathfrak{E}(X_t)}} \tag{199}$$

hervor, die bei den Physikern den Namen „S ch w e i d l e r sches Gesetz" führt. Letzteres besteht demzufolge darin, daß der mittlere Fehler der Zahl der in irgendeiner Zeit zerfallenden Atome, bezogen auf die mathematische Erwartung dieser Zahl, gleich ist dem reziproken Wert der Quadratwurzel aus der genannten mathematischen Erwartung.

Nun handelt es sich aber bei der Formel (199) um eine Relation, die für das grundlegende kombinatorische Schema der Wahrscheinlichkeitsrechnung ganz allgemein gilt, wenn die betreffende Wahrscheinlichkeit p entsprechend klein ist. Denn in diesem Fall ist q wenig von 1 verschieden, und kann Formel (190) durch

$$\mathfrak{M}(x) = \sqrt{n\,p} \qquad (200)$$

ersetzt werden, woraus sich unter Mitberücksichtigung der Formel (181) in der Tat

$$\frac{\mathfrak{M}(x)}{\mathfrak{E}(x)} = \frac{1}{\sqrt{\mathfrak{E}(x)}} \qquad (201)$$

ergibt.

S c h w e i d l e r selbst ist bei Ableitung der Formel (199) von den Formeln (193) und (194) ausgegangen und hat in (194) $e^{-\lambda t}$ durch 1 ersetzt bzw. den Ausdruck $e^{-\lambda t}$, welcher dem q des allgemeinen Schemas entspricht, einfach gestrichen[1]. Hiergegen ist im gegebenen Fall nichts einzuwenden, aber nicht einmal diese Streichung von q in der Formel des mittleren Fehlers der Ereigniszahl stellt etwas Originelles dar[2], so daß es schlechterdings nicht angeht, hier von einem „S ch w e i d l e rschen Gesetz" zu sprechen. Diese Ausdrucksweise wäre eher zu rechtfertigen, wenn damit eine Bestätigung der betreffenden Formel durch das Experiment gemeint wäre. Aber das ist nicht der Fall. Man versteht vielmehr unter dem „S ch w e i d l e rschen Gesetz" eben nichts anderes als das durch Formel (199) ausgedrückte t h e o r e t i s ch e Maß der Schwankungen bei der radioaktiven Strahlung.

Abgesehen davon, daß dieses Schwankungsmaß das übliche, längst bekannte ist, können die bei v o n S ch w e i d l e r sich findenden Beweise der beiden Formeln (181) und (190), die auch bei ihm der Formel (199) zugrunde liegen, weil sie gestatten, die Formeln (193) und (194) aufzustellen, nicht als sehr glücklich bezeichnet werden. Diese Beweise sind nämlich dem Fall angepaßt, wo n

---

[1] E. v o n S ch w e i d l e r, Über Schwankungen der radioaktiven Umwandlung, in den Comptes rendus du premier Congrès international pour l'étude de la Radiologie et de l'Ionisation 1905, Bruxelles 1906.

[2] Siehe z. B. W e s t e r g a a r d, a. a. O., S. 72—73.

und auch np so große Zahlen sind, daß für die Ereigniszahlen x die Gültigkeit des Gaußschen Fehlergesetzes angenommen werden kann. Damit hängt es zusammen, daß zwischen der mathematischen Erwartung von x und dem wahrscheinlichsten Wert von x nicht unterschieden wird[1]) und daß das bekannte Integral, welches oben unter (68) angeführt worden ist, in die Rechnung hineinkommt. Bei Untersuchungen über die Schwankungen der radioaktiven Strahlung hat man es aber nicht immer mit großen Ereigniszahlen, d. h. mit großen Zahlen registrierter α-Teilchen bzw. registrierter Szintillationen zu tun[2]) — bei Rutherford und Geiger sind es vielmehr sehr kleine Zahlen — und wenn Formel (201) wirklich nur auf große Zahlen anwendbar wäre, wie es der Schweidlersche Beweis[3]) glauben läßt, so käme sie z. B. für eine Untersuchung wie die von Rutherford und Geiger nicht in Frage. Die im obigen gegebene Ableitung der Formeln (181), (190), (200) und (201) zeigt indessen, daß das Operieren mit dem Gaußschen Fehlergesetz und mit dem betreffenden Integral hier ganz überflüssig ist und daß die Gültigkeit der genannten Formeln von der Größe der Versuchs- und der Ereigniszahlen gar nicht abhängt. v. Schweidler hat also seinen Beweis unzweckmäßigerweise in eine Form gekleidet, die geeignet ist, die falsche Vorstellung zu erwecken, als ob sein „Gesetz" nur unter der einschränkenden Voraussetzung gelten würde, daß die in Frage kommenden Zahlen der α-Teilchen groß sind. In Wirklichkeit gilt aber Formel (199), auch wenn diese Voraussetzung nicht erfüllt ist. Nur muß das Produkt λt, wie dargelegt worden ist, klein sein.

§ 19. Wollte man nun prüfen, ob die von einer radioaktiven Substanz in einem bestimmten Zeitraum T ausgesandten α-Teilchen sich über diesen Zeitraum so verteilen, wie es dem in §§ 17 und 18

---

[1]) von Schweidler vermeidet zwar den Ausdruck „mathematische Erwartung" und nennt das Produkt np (in seiner Bezeichnungsweise αN) den wahrscheinlichsten Wert von x. Aber in Wirklichkeit ist doch der wahrscheinlichste Wert von x im allgemeinen nicht durch np, sondern durch die ganze Zahl x' ausgedrückt, die sich aus den Ungleichungen $np - q < x' < np + p$ ergibt, wobei in dem Fall, wo $np - q$ und daher auch $np + p$ ganze Zahlen sind, diese beiden Zahlen als die wahrscheinlichsten Werte von x erscheinen. Demnach hat man $x' = np$ nur in dem besonderen Fall, wo np eine ganze Zahl ist.

[2]) Von dem Verhältnis zwischen den registrierten und den insgesamt ausgesandten α-Teilchen ist in § 19 die Rede.

[3]) Dieser Beweis ist übrigens keineswegs neu. Siehe z. B. E. Czuber, Wahrscheinlichkeitsrechnung und ihre Anwendungen auf Fehlerausgleichung, Statistik und Lebensversicherung, Leipzig 1903, S. 105 (= 2. Auflage 1908, 1. Bd. S. 127). Aber Czuber bringt den in Frage stehenden Beweis, nur um zu zeigen, daß man hier unter Postulierung des Gaußschen Fehlergesetzes zu demselben Resultat kommt, zu welchem die strenge Rechnung führt.

eingenommenen wahrscheinlichkeitstheoretischen Standpunkt entspricht, so läge es am nächsten, auch jetzt, wie es in §§ 8—11
geschehen ist, den Zeitraum T in s Zeitintervalle der Länge τ zu
zerlegen und die Zahlen der α-Teilchen zu bestimmen, die auf jedes
dieser Intervalle kommen. Es sei A_i die Zahl der im $i$ten Intervall
ausgesandten α-Teilchen, so daß

$$A_i = X_{i\tau} - X_{(i-1)\tau} \,, \tag{202}$$

und es sei N_i' die Zahl der in der radioaktiven Substanz, mit
welcher experimentiert wird, zu Beginn des $i$ten Intervalls enthaltenen Atome, so daß

$$N_i' = N_{(i-1)\tau} \,. \tag{203}$$

Den Formeln (193) und (194) entsprechend, erhält man:

$$\mathfrak{E}(A_i) = N_i'(1 - e^{-\lambda\tau}) \tag{204}$$

und

$$\mathfrak{M}(A_i) = \sqrt{N_i'(1 - e^{-\lambda\tau})\,e^{-\lambda\tau}} \,, \tag{205}$$

oder, unter Anwendung der neu einzuführenden Bezeichnungen
$1 - e^{-\lambda\tau} = p'$ und $e^{-\lambda\tau} = q'$,

$$\mathfrak{E}(A_i) = N_i'\,p' \tag{206}$$

und

$$\mathfrak{M}(A_i) = \sqrt{N_i'\,p'\,q'} \,. \tag{207}$$

Bildet man nun, der Formel (60) analog, den Ausdruck

$$\frac{\dfrac{1}{s}\sum_1^s (A_i - A_0)^2}{A_0} = Q^2 \,, \tag{208}$$

wo

$$A_0 = \frac{1}{s}\sum_1^s A_i \,, \tag{209}$$

so kann gezeigt werden, daß $\mathfrak{E}(Q^2) > 1$. Dabei soll, in Übereinstimmung mit der beim Übergang von Formel (60) zu Formel (61)
gemachten Annahme, A_0 so behandelt werden, als ob es mit $\mathfrak{E}(A_0)$
identisch wäre, was um so eher zulässig ist, je größer s ist. (Sonst
müsste in Formel (208) $s - 1$ an Stelle von s stehen.) Demgemäß
läßt sich Formel (208) durch

$$Q^2 = \frac{\dfrac{1}{s}\sum_1^s (A_i - \bar{A}_0)^2}{\bar{A}_0} \tag{210}$$

ersetzen, wo $\overline{A}_0 = \mathfrak{E}(A_0)$. Führt man noch die Bezeichnung

$$\frac{1}{s} \sum_{1}^{s} N_i' = N_0' \qquad (211)$$

ein, so findet man auf Grund von (206):

$$\overline{A}_0 = N_0' p' . \qquad (212)$$

Um nun $\mathfrak{E}(Q^2)$ zu bestimmen, möge man von folgender Zerlegung der Differenz $A_i - \overline{A}_0$ ausgehen:

$$A_i - \overline{A}_0 = A_i - N_i' p' + N_i' p' - \overline{A}_0 .$$

Mit Rücksicht auf (212) ergibt sich hieraus zunächst:

$$A_i - \overline{A}_0 = A_i - N_i' p' + (N_i' - N_0') p' ,$$

sodann, mit Benützung der Formeln (206) und (207):

$$\mathfrak{E}\{(A_i - \overline{A}_0)^2\} = N_i' p' q' + p'^2 (N_i' - N_0')^2 ,$$

daher

$$\mathfrak{E}\left\{\sum_{1}^{s} (A_i - \overline{A}_0)^2\right\} = s N_0' p' q' + p'^2 \sum_{1}^{s} (N_i' - N_0')^2$$

und schließlich auf Grund der Formeln (210) und 212):

$$\mathfrak{E}(Q^2) = q' + p' \sum_{1}^{s} \frac{(N_i' - N_0')^2}{s N_0'}$$

oder

$$\mathfrak{E}(Q^2) = 1 + p' \left\{\sum_{1}^{s} \frac{(N_i' - N_0')^2}{s N_0'} - 1\right\},$$

welch letztere Formel ohne weiteres durch

$$\mathfrak{E}(Q^2) = 1 + p' \sum_{1}^{s} \frac{(N_i' - N_0')^2}{s N_0'} \qquad (213)$$

ersetzt werden kann. Unter abermaliger Heranziehung von (212) läßt sich (213) auch als

$$\mathfrak{E}(Q^2) = 1 + \overline{A}_0 \cdot \frac{1}{s} \cdot \sum_{1}^{s} \left(\frac{N_i' - N_0'}{N_0'}\right)^2 \qquad (214)$$

darstellen.

Formel (213) besagt, daß bei der Reihe A_1, A_2 usw. bis A_s eine übernormale Dispersion zu erwarten ist, und zwar infolge des Umstandes, daß die Zahl der in der betreffenden radioaktiven Substanz enthaltenen Atome von einem τ-Intervall zu dem anderen variiert. Sofern keine der Zahlen A_i gleich Null ist, bilden die Zahlen N_i' eine abnehmende Reihe. Dementsprechend ist laut

Formel (206) zu erwarten, daß auch die Reihe A_1, A_2 usw. bis A_s, abgesehen von rein zufälligen Schwankungen, eine sinkende Tendenz zeigt. Dies kann indessen nur dann zu einem deutlichen Ausdruck kommen, wenn der Zeitraum T, über welchen sich die Beobachtung erstreckt, hinreichend lang, und zwar im Verhältnis zu $\dfrac{1}{\lambda}$, ist. Sonst wird der Überschuß von $\mathfrak{E}(Q^2)$ über 1 so klein ausfallen, daß die zu erwartende Dispersion sich von der normalen nicht merklich unterscheiden wird. Ist doch die mathematische Erwartung des kleinsten von den in Betracht kommenden N_i'-Werten, nämlich die mathematische Erwartung von $N_{(s-1)\tau}'$ gleich $N_0\, e^{-\lambda(T-\tau)}$, mithin größer als $N_0\, e^{-\lambda T}$, und folglich die Differenz zwischen dem größten und dem kleinsten der N_i'-Werte erwartungsgemäß kleiner als $N_0(1 - e^{-\lambda T})$. Wenn nun λT klein ist, so verwandelt sich der Ausdruck $N_0(1 - e^{-\lambda T})$ in $N_0\,\lambda T$, und es läßt sich daher in diesem Fall sagen, daß der Überschuß von $\mathfrak{E}(Q^2)$ über 1, wie er sich nach Formel (214) darstellt, von der Größenordnung $\overline{A}_0(\lambda T)^2$ sein wird.

Sofern der Umstand, daß sich N_i' im Laufe des Experiments ändert, ignoriert werden kann, behält aber nicht nur das summarische Kriterium $Q^2 = 1$, sondern auch das in § 8 für die Zahlen der Szintillationen aufgestellte Verteilungsgesetz seine Gültigkeit. Bezeichnet man nämlich mit l_x die Zahl der A_i-Werte, die gleich x sind, und setzt man $\overline{A}_0 = m$, so wird sich $\mathfrak{E}(l_x)$ an der Hand der Formel (51) bestimmen lassen. Dies ergibt sich aus folgender Betrachtung.

Die Wahrscheinlichkeit w_x, daß $A_i = x$, ist, vom Standpunkte der Zerfallstheorie aus, unmittelbar gegeben durch Formel (177), worin $n = N_i'$, $p = p' = 1 - e^{-\lambda\tau}$ und $q = q' = e^{-\lambda\tau}$ zu setzen ist. Ist aber p, wie in diesem Fall, sehr klein und dementsprechend auch x klein im Verhältnis zu n, so kann $P_{n,x}$ durch den Grenzwert ersetzt werden, dem es mit stets wachsendem n und sinkendem p bei $np = $ const. zustrebt. Man findet:

$$\operatorname{Lim} q^{n-x} = \operatorname{Lim} (1 - p)^{n-x} = e^{-np},$$

somit

$$\operatorname{Lim} P_{n,x} = \frac{(n\,p)^x\, e^{-np}}{1 \cdot 2 \ldots x}.$$

Demgemäß erhält man:

$$w_x = \frac{(N_i'\,p')^x\, e^{-N_i'\,p'}}{1 \cdot 2 \ldots x}$$

oder auch, da die Variationen von N_i' ignoriert werden sollen,

$$w_x = \frac{(N_0'\,p')^x\, e^{-N_0'\,p'}}{1 \cdot 2 \ldots x}$$

bzw.
$$w_x = \frac{\bar{A}_0^x e^{-\bar{A}_0}}{1 \cdot 2 \dots x}. \tag{215}$$

Es ergibt sich auf diese Weise eine vollständige Übereinstimmung mit dem Rechenschema des § 8, wobei jedoch dieselben Formeln, die dort als exakte, hier als angenäherte erscheinen. Dieser Unterschied ist in folgendem begründet. Das Rechenschema des § 8 ist aufgebaut auf der in § 2 gemachten Annahme, daß für die ganze Dauer des Experiments die Zeitabstände zwischen zwei unmittelbar aufeinanderfolgenden Szintillationen ein und demselben Verteilungsgesetz unterworfen sind. Die mathematische Erwartung solch eines Abstandes war $\frac{1}{k}$ und dementsprechend war die erwartungsmäßige Häufigkeit der Szintillationen während der ganzen Dauer des Experiments gleich k. Vom Standpunkte der Zerfalltheorie aus erscheint hingegen, wie ein Blick auf Formel (206) lehrt, die erwartungsmäßige Häufigkeit des Aussendens von α-Teilchen durch die radioaktive Substanz, somit auch die erwartungsmäßige Häufigkeit der Szintillationen als eine abnehmende Funktion der Zeit, weil nämlich N_i' mit wachsendem i abnimmt. Es findet eben mit fortschreitender Zeit ein Nachlassen der Radioaktivität statt, einfach aus dem Grunde, weil die Zahl der in dem betreffenden Präparat enthaltenen Atome sich im Laufe des Experiments verringert. Mit sinkender erwartungsmäßiger Häufigkeit der Szintillationen muß aber die mathematische Erwartung eines Zeitabstandes zwischen zwei unmittelbar aufeinanderfolgenden Szintillationen zunehmen. Also darf das für die Zeitabstände maßgebende Verteilungsgesetz nicht mehr als unabhängig von der Zeit angesehen werden. An Stelle der Formel (5) tritt jetzt die Formel

$$f_t(z) = k_t e^{-k_t z}, \tag{216}$$

wo $f_t(z)$ die zur Zeit t bestehende Wahrscheinlichkeitsdichtigkeit eines Abstandes von der Größe z und k_t die erwartungsmäßige Häufigkeit der Szintillationen zur Zeit t bedeuten. Die Größe k_t läßt sich, sofern man zwischen der Zahl der Szintillationen und der Zahl der ausgesandten α-Teilchen keinen Unterschied macht, aus

$$k_t = \frac{d\mathfrak{E}(X_t)}{dt}$$

bestimmen, und man findet, der Formel (193) zufolge:

$$k_t = \lambda N_0 e^{-\lambda t}. \tag{217}$$

Auf Grund dieser Formel und der aus derselben sich ergebenden Substitution $\lambda N_0 = k_0$ geht Formel (216) in

$$f_t(z) = k_0 e^{-(\lambda t + k_0 z e^{-\lambda t})} \tag{218}$$

über. Aus (216) findet man noch:

$$\frac{df_t(z)}{dt} = -\left(z - \frac{1}{k_t}\right) k_t\, e^{-k_t z}\, \frac{dk_t}{dt}\,, \tag{219}$$

welch letztere Formel, da $\dfrac{dk_t}{dt} < 0$, besagt, daß mit fortschreitender Zeit die Wahrscheinlichkeitsdichtigkeit eines Abstandes z abnimmt oder zunimmt, je nachdem der Wert z kleiner oder größer als seine jeweilige mathematische Erwartung $\left(\dfrac{1}{k_t}\right)$ ist.

Fragt man sich nun, was aus den bisherigen Darlegungen dieses Paragraphen für die Beurteilung der in §§ 4, 9, 11, 13 und 16 besprochenen experimentellen Ergebnisse folgt, so wird man wohl behaupten können, daß bei allen diesen Ergebnissen der Beobachtungszeitraum (im Verhältnis zu der Lebensdauer eines Atoms der betreffenden Substanz) hinreichend kurz war, um die Anwendung eines Formelsystems, wie das dort benutzte, zu gestatten, welches auf das Nachlassen der Radioaktivität mit fortschreitender Zeit keine Rücksicht nimmt[1]). Es ist zugleich klar, daß, sofern sich, wie in dem Fall des Rutherford-Geigerschen Experiments, eine unternormale Dispersion der Zahlen der Szintillationen zu zeigen scheint, dies in keiner Weise durch den in Frage stehenden, von der Rechnung nicht berücksichtigten Umstand, nämlich durch das Nachlassen der Radioaktivität herbeigeführt werden kann, weil dieser Umstand, wie oben dargetan worden ist, im Gegenteil eine übernormale Dispersion erwarten ließe, sollte er sich überhaupt geltend machen.

Es ist im bisherigen davon abgesehen worden, daß die durch die Szintillation gezählten α-Teilchen nur einen Bruchteil der Zahl der α-Teilchen ausmachen, welche in der betreffenden Zeit von der radioaktiven Substanz ausgesandt werden. Dieser Punkt bedarf einer besonderen Erörterung.

Sind die Zahlen der in s aufeinanderfolgenden τ-Intervallen festgestellten Szintillationen x_1, x_2 usw. bis x_s und die Zahlen der in

---

[1]) Wenn in diesem Zusammenhang vom Beobachtungszeitraum die Rede ist, so kommt offenbar die ganze Zeit in Betracht, welche seit Beginn der Beobachtung bis zu ihrer Beendigung verstreicht, ohne Rücksicht auf etwaige Unterbrechungen der Beobachtung. Bei der Rutherford-Geigerschen Untersuchung kamen derartige Unterbrechungen vor, aber es ist beim Experimentieren Vorsorge dafür getroffen worden, daß das Nachlassen der Radioaktivität auf die Zahlenergebnisse ohne Einfluß bleibt. Darüber ist a. a. O., S. 699, folgendes zu lesen: „During the time of counting (5 days), in order to correct for the decay, the polonium was moved daily closer to the screen in order that the average number of α particles impinging on the screen should be nearly constant."

den nämlichen Intervallen im ganzen ausgesandten α-Teilchen A_1, A_2 usw. bis A_s und bedeutet v die Wahrscheinlichkeit, daß ein ausgesandtes α-Teilchen in das Gesichtsfeld des Beobachters gerät bzw. zur Registrierung einer Szintillation Anlaß gibt[1]), so besteht die Relation:

$$\mathfrak{E}(x_i) = N_i'\, p'\, v \, . \tag{220}$$

Man findet zugleich:

$$\mathfrak{M}(x_i) = \sqrt{N_i'\,\{(1 - p'\,v)^2\, p'\, v + (0 - p'\, v)^2\,(1 - p'\, v)\}}$$

oder

$$\mathfrak{M}(x_i) = \sqrt{N'\, p'\, v\,(1 - p'v)} \tag{221}$$

und, mit Rücksicht auf die Kleinheit von $p'\,v$,

$$\mathfrak{M}(x_i) = \sqrt{\mathfrak{E}(x_i)} \, . \tag{222}$$

Es sind also, wenn es sich nicht mehr um die Zahlen A_i, sondern um die Zahlen x_i handelt, in den betreffenden Formeln der mathematischen Erwartung und des mittleren Fehlers die Größe p' durch $p'\,v$ und $q' = 1 - p'$ durch $1 - p'\,v$ zu ersetzen. In den Formeln (214) und (215) würde aber an Stelle von $\bar{A}_0$ die mathematische Erwartung des arithmetischen Durchschnittes der x_i-Werte bzw. dieser Durchschnitt selbst treten. So käme man unter Vernachlässigung der Variationen von N_i' auf die Formeln des § 8 zurück. Es ist noch zu bemerken, daß, sofern man früher sich der Approximation $1 - p' = 1$ bedient hat, es jetzt erst recht als zulässig erscheint, $1 - v\,p' = 1$ zu setzen, weil ja $v\,p' < p'$. Bleibt demnach das maßgebende Rechenschema unberührt davon, daß man es in Wirklichkeit mit den Zahlen nicht der insgesamt von einer radioaktiven Substanz ausgesandten, sondern bloß der registrierten α-Teilchen zu tun hat, so gilt das zunächst nur unter der vorhin ausdrücklich gemachten Voraussetzung, daß eine jedem ausgesandten α-Teilchen zukommende Wahrscheinlichkeit, in das Gesichtsfeld des Beobachters zu geraten, konstruiert werden kann. Dieser Konstruktion gemäß erscheinen die Verhältniszahlen $\dfrac{x_i}{A_i}$ als empirische Werte einer ihnen zugrunde liegenden Wahrscheinlichkeit (v), und sie müßten, wenn sie sich ermitteln ließen, eine normale Dispersion aufweisen. Wäre aber aus irgend einem Grunde die Dispersion der Werte $\dfrac{x_i}{A_i}$ z. B. unternormal, so würde hieraus, unbeschadet einer normalen Dispersion

---

[1]) Die Größe der Wahrscheinlichkeit v richtet sich offenbar nach der größeren oder kleineren Ausdehnung der „Beobachtungsfläche" und nach der Entfernung dieser von dem Präparat. Siehe Regener, a. a. O., S. 956.

der Werte $\dfrac{A_i}{N_i'}$ bzw. $\dfrac{A_i}{N_0'}$ und daher auch der Werte A_i, eine unter-

normale Dispersion auch der Werte $\dfrac{x_i}{N_i'}$ bzw. $\dfrac{x_i}{N_0'}$ und daher auch

der Werte x_i entspringen. Im Grenzfall, wenn nämlich die Ver-

hältniszahlen $\dfrac{x_i}{A_i}$ gar keinen Schwankungen unterworfen wären,

so daß

$$\frac{x_i}{A_i} = \text{const.} = c\,,$$

hätte man:

$$\mathfrak{M}(x_i) = c\,\mathfrak{M}(A_i) = c\,\sqrt{N_i'\,p'(1 - p')}\,,$$

oder, da $\mathfrak{E}(x_i) = c\,N_i'p'$ und $1 - p'$ von 1 kaum verschieden ist,

$$\mathfrak{M}(x_i) = \sqrt{c\,\mathfrak{E}(x_i)}\,.$$

Diese Formel besagt, daß die Dispersion der x_i-Werte, an dem üblichen, auf Formel (222) beruhenden Kriterium beurteilt, als unternormal erscheinen würde.

Es hat ein gewisses Interesse, den entgegengesetzten Fall ins Auge zu fassen, wo $\dfrac{A_i}{N_i'} = \text{const.}$ und die Verhältniszahlen $\dfrac{x_i}{A_i}$ eine

normale Dispersion zeigen. Hier hätte man:

$$\mathfrak{M}(x_i) = \sqrt{A_i\,v(1 - v)}$$

oder, mit Rücksicht auf die Kleinheit von v,

$$\mathfrak{M}(x_i) = \sqrt{A_i\,v} = \sqrt{\mathfrak{E}(x_i)}\,.$$

Hieraus ist zu ersehen, daß, sofern v klein ist — und diese Be- dingung ist bei jedem Experiment erfüllt —, die Dispersion der x_i-Werte, an dem üblichen Kriterium beurteilt, sehr wohl normal

sein kann, ohne daß die Quotienten $\dfrac{A_i}{N_i'}$ sich als angenäherte Werte

einer ihnen zugrunde liegenden Wahrscheinlichkeit zu verhalten brauchten. Selbst wenn diese Quotienten gar keine Schwankungen aufweisen würden, somit in jedem τ-Intervall genau derselbe Bruchteil der vorhandenen radioaktiven Atome zerfallen würde würden nichtsdestoweniger die Zahlen der beobachteten Szin- tillationen nach den Regeln der Wahrscheinlichkeitsrechnung variieren, vorausgesetzt, daß jedes fortgeschleuderte α-Teilchen mit einer bestimmten mathematischen Wahrscheinlichkeit in das Gesichtsfeld des Beobachters gerät, was z. B. dann der Fall ist, wenn alle Richtungen, nach denen die α-Teilchen von dem Prä- parat ausgesandt werden, gleichmöglich sind[1]).

---

[1]) Vgl. Regener a. a. O., S. 956.

Die Hypothese, daß die Quotienten $\dfrac{A_i}{N_i}$ absolut stabil sind, kommt natürlich praktisch nicht in Betracht. Aber wenn sogar diese Hypothese sich mit der normalen Dispersion der x_i-Werte verträgt, so besteht um so weniger ein Widerspruch zwischen letzterer und der Annahme, daß die Quotienten $\dfrac{A_i}{N_i}$ zwar schwanken, aber in engeren Grenzen, als welche der Voraussetzung einer vollständigen gegenseitigen Unabhängigkeit der radioaktiven Atome entsprechen. So läßt sich denn aus der normalen Dispersion der Zahlen der Szintillationen noch nicht mit Sicherheit folgern, daß jene Voraussetzung zutrifft.

§ 20. Es soll zum Schluß ergänzungsweise gezeigt werden, daß dieselben mathematischen Methoden, welche man zur Prüfung der Frage benutzt, ob gewisse Erscheinungen sich in der Zeit zufällig verteilen, auch dort Anwendung finden, wo der zufällige Charakter der Verteilung gewisser Erscheinungen im Raume in Frage steht. Als Beleg dafür möge eine Untersuchung Svedbergs über kolloide Lösungen dienen[1]).

Den mathematischen Apparat zu dieser Untersuchung hat Svedberg einer Abhandlung M. von Smoluchowskis über die örtliche Verteilung von Gasmolekülen[2]) entnommen. Es seien in einem Volumen V n Gasmoleküle vorhanden. Denkt man sich von diesem Volumen einen Teil v ausgeschieden und fragt man nach der Wahrscheinlichkeit p, daß ein bestimmtes Molekül sich in v befindet, so entspricht der Annahme, daß jede in Betracht kommende Lage dieses Moleküls gleichmöglich ist, der Ansatz $p = \dfrac{v}{V}$. Auf der Grundlage dieses Ansatzes stellt sich die Wahrscheinlichkeit, daß sich im Volumen v x bestimmte Gasmoleküle befinden, als

$$\left(\frac{v}{V}\right)^x \left(\frac{V-v}{V}\right)^{n-x}$$

und die Wahrscheinlichkeit w_x, daß sich in demselben Volumen x irgendwelche Gasmoleküle befinden, als

$$w_x = \frac{n(n-1)\ldots(n-x+1)}{1 \cdot 2 \ldots x} \left(\frac{v}{V}\right)^x \left(\frac{V-v}{V}\right)^{n-x} \tag{223}$$

---

[1]) The Svedberg, Eine neue Methode zur Prüfung der Gültigkeit des Boyle-Gay-Lussacschen Gesetzes für kolloide Lösungen, in der Zeitschrift für physikalische Chemie, Bd. 73 (1910), S. 547, und The Svedberg und Katsuji Inouye, gleiche Überschrift, zweite Mitteilung, ebendaselbst, Bd. 77 (1911), S. 145.

[2]) Marian von Smoluchowski, Über Unregelmäßigkeiten in der Verteilung von Gasmolekülen und deren Einfluß auf Entropie und Zustandsgleichung, in der Boltzmann-Festschrift, Leipzig 1904, S. 626.

dar. Ist aber v klein im Verhältnis zu V und dementsprechend x klein im Verhältnis zu n, so geht Formel (223) in

$$w_x = \frac{n^x}{1 \cdot 2 \ldots x} \left(\frac{v}{V}\right)^x e^{-\frac{v}{V} n}$$

bzw. in

$$w_x = \frac{m^x e^{-m}}{1 \cdot 2 \ldots x} \tag{224}$$

über, worin $m = \dfrac{n\,v}{V}$ die erwartungsmäßige Zahl der in v befind-lichen Gasmoleküle bzw. diejenige Zahl der Gasmoleküle bedeutet, die, wenn sich die letzteren gleichmäßig über V verteilten, auf v kommen würde. Man gelangt also zu derselben Formel, welche für die zeitliche Verteilung irgendwelcher Ereignisse, z. B. der Szintillationen, von denen im obigen die Rede war, maßgebend ist. von Smoluchowski hat auch noch den analytischen Ausdruck des durchschnittlichen Fehlers der Ereigniszahl x, wie er oben unter (104a) gegeben worden ist, abgeleitet und Svedberg mitgeteilt[1]).

Dieser hat nun, gestützt auf die Erwägung, daß „die kinetische Theorie zwischen Molekülen und größeren sichtbaren Teilchen keinen Unterschied macht", die Formeln (104a) und (224) auf den Fall der kolloiden Lösungen angewandt. Es hat sich dabei um folgendes gehandelt. In bestimmten Zeitintervallen — in der Regel waren es 5 Sekunden — wurde durch direkte Beobachtung die Anzahl der betreffenden Teilchen festgestellt, die in einem mittels einer passenden Okularblende „optisch abgegrenzten" Volumen enthalten waren. Es ergab sich auf diese Weise jedes-mal eine Reihe von Einzelwerten, die auf ihre Schwankungen hin zu prüfen waren[2]). Hierzu wurden zunächst die betreffenden Einzel-werte, welche man mit $x_1, x_2, \ldots, x_s$ bezeichnen möge, wobei s die Zahl der vorgenommenen Feststellungen bedeutet, nach ihrer Größe gruppiert und die Zahlen l_x bestimmt, welche angeben, wie viele unter den s x_i-Werten gleich x sind. Sodann wurden die Häufig-keiten des Vorkommens der einzelnen x-Werte, d. h. die Quotienten

---

[1]) Vgl. über diese Formel die Fußnote zu (104a). Was aber die Hauptformel (224) anlangt, so hätte sie Svedberg schon bei Poisson (Recherches sur la probabilité des jugements, Paris 1837, p. 205—207) finden können.

[2]) Da sich diese Einzelwerte jeweils auf ein und dasselbe optisch abgegrenzte Volumen beziehen, so handelt es sich bei der ganzen Untersuchung formell um zeitliche Schwankungen. Aber nach dem Sinn der Untersuchung und nach der Deutung ihrer Ergebnisse (worüber das Nähere weiter unten im Text folgt) sollte im gegebenen Fall die Beobachtung ein und desselben Rauminhaltes zu ver-schiedenen Zeitpunkten einen Ersatz für die Beobachtung verschiedener Raum-inhalte zu demselben Zeitpunkte bieten. Daher kann man sagen, daß es hier materiell um räumliche Schwankungen zu tun war.

$\dfrac{l_x}{s}$ den Wahrscheinlichkeiten w_x gegenübergestellt, wobei in Formel (224) $m = \dfrac{1}{s}\sum_{1}^{s} i\,x_i$ gesetzt wurde, was, mit Rücksicht darauf, daß s hinreichend groß war, als zulässig erscheint. Schließlich wurden die beiden Ausdrücke

$$\frac{1}{m\,s}\sum_{1}^{s} i\,|x_i - m| \quad \text{und} \quad \frac{2\,m^{\mu}\,e^{-m}}{1\cdot 2\ldots\mu}$$

(wo unter μ die ganze Zahl zu verstehen ist, die der Bedingung $m - 1 \leqq \mu < m$ genügt), d. h. der empirische und der theoretische Ausdruck des auf den mittleren Wert der Teilchenzahl bezogenen durchschnittlichen Fehlers eines Einzelwertes der Teilchenzahl, berechnet und miteinander in der Weise verglichen, daß der erste der beiden Ausdrücke durch den zweiten dividiert wurde, oder es wurde, was laut Formel (106) dasselbe ist, der Divergenzkoeffizient C bestimmt.

Der Umstand nun, ob C nicht merklich von 1 verschieden ist, oder aber merklich von 1 abweicht, erscheint, Svedberg zufolge, als entscheidend für die Frage, ob im gegebenen Fall das Boyle-Gay-Lussacsche Gesetz gilt oder nicht gilt. Es lasse sich die Formel aufstellen:

$$\frac{1}{m\,s}\sum_{1}^{s} i\,|x_i - m| = \frac{2\,m^{\mu}\,e^{-m}}{1\cdot 2\ldots\mu}\sqrt{\frac{\beta}{\beta_0}}\,,$$

wo β die wirkliche und β_0 die bei der Gültigkeit des genannten Gesetzes bestehende Kompressibilität bedeutet. Demnach wäre:

$C = \sqrt{\dfrac{\beta}{\beta_0}}$, und im Einklang mit dieser Formel ist auch im ersten der beiden zitierten Svedbergschen Artikel der Quotient $\dfrac{\beta}{\beta_0}$ aus $\dfrac{\beta}{\beta_0} = C^2$ bestimmt worden[1]. Hingegen sind in dem zweiten jener beiden Artikel unter $\dfrac{\beta}{\beta_0}$ unbegreiflicherweise durchweg die Werte von C, statt von C^2, angegeben, was bei einer Weiterführung der Svedbergschen Untersuchung nach der wahrscheinlichkeitstheoretischen Richtung hin, wie sie hier versucht werden soll, nicht übersehen werden darf.

Es ergab sich, daß das Kriterium $C = 1$ näherungsweise erfüllt ist bei hochgradig verdünnten Lösungen, daß aber bei mehr konzentrierten Lösungen C nicht unbeträchtlich hinter 1 zurückbleibt

---

[1] Ausnahmsweise findet sich hier unter den auf S. 550—552 angeführten Werten von $\dfrac{\beta}{\beta_0}$ einer, nämlich 1,103 (unter Nr. 2), der aus $\dfrac{\beta}{\beta_0} = C$, statt aus $\dfrac{\beta}{\beta_0} = C^2$, bestimmt ist.

und mit steigender Konzentration im allgemeinen abnimmt. Daß die bei diesen mehr konzentrierten Lösungen festgestellten Abweichungen des Quotienten C von 1 in minus nicht dem Zufall zugeschrieben werden können, leuchtet aus der Betrachtung der betreffenden Zahlenwerte unmittelbar ein und bedarf keines weiteren Beweises. Wohl aber dürfte es sich verlohnen, in bezug auf die Fälle hochgradiger Verdünnung die sich hier zeigenden positiven und negativen Abweichungen des Quotienten C von 1 genauer zu untersuchen. Das haben Svedberg und Katsuji Inouye unterlassen, und das soll hier nachgeholt werden.

Im zweiten der beiden zitierten Artikel sind die Ergebnisse für eine relativ große Zahl, nämlich für 19 Fälle hochgradiger Verdünnung mitgeteilt. Diese Fälle beziehen sich sämtlich auf Goldhydrosole. In nachstehender Tabelle sind die betreffenden Ergebnisse, sofern es sich um die mittlere Teilchenzahl (m), die Zahl der Feststellungen (s) und den Divergenzkoeffizienten (C_j) handelt, wiedergegeben. Außerdem enthält die Tabelle die Abweichungen $|C_j - 1|$ und die nach den Formeln (108) und (109) ermittelten Werte von $\mathfrak{M}(C_j)$ und von η_j[1]).

Tabelle 14.

j	Verdünnungsgrad	m	s	C_j	$|C_j - 1|$	$\mathfrak{M}(C_j)$	η_j
1	2	3	4	5	6	7	8
1	4	2,34	483	1,024	0,024	0,0327	0,733
2	4	1,70	504	0,956	0,044	0,0323	1,364
3	4	1,96	327	0,963	0,037	0,0476	0,777
4	5	1,21	637	0,941	0,059	0,0302	1,952
5	5	2,23	416	1,021	0,021	0,0367	0,573
6	5	2,10	400	0,967	0,033	0,0398	0,830
7	7	1,07	536	0,987	0,013	0,0372	0,349
8	10	1,78	454	1,017	0,017	0,0359	0,473
9	10	2,22	434	1,007	0,007	0,0361	0,194
10	10	2,49	303	0,960	0,040	0,0417	0,960
11	10	3,02	382	1,042	0,042	0,0412	1,018
12	10	2,74	371	1,018	0,018	0,0375	0,481
13	15	2,09	641	1,013	0,013	0,0331	0,411
14	20	1,35	502	0,991	0,009	0,0308	0,293
15	20	2,20	374	1,012	0,012	0,0394	0,305
16	30	2,43	497	0,988	0,012	0,0319	0,376
17	50	1,55	518	1,003	0,003	0,0324	0,092
18	100	1,43	569	1,029	0,029	0,0287	1,012
19	200	2,52	380	0,974	0,026	0,0365	0,711
Durchschnitt				0,995	—	—	0,679

[1]) Der Index j bei C_j und bei η_j dient zur Unterscheidung der 19 C- bzw. η-Werte voneinander und ist auch in Formel (108) dem Buchstaben C beizufügen.

Was zunächst den Durchschnitt der 19 C_j-Werte anlangt, so weicht er um 0,005, genauer um 0,0046 von 1 ab, und da der mittlere Fehler dieses Durchschnitts nach Formel (110), worin $\nu = 19$ zu setzen ist, sich zu 0,0083 berechnet, so beträgt die angegebene Abweichung 56 % des maßgebenden mittleren Fehlers. Sodann findet man nach den Formeln (77) und (80), wenn man darin $\eta_0 = 0{,}6792$ und $\nu = 19$ setzt: $\beta = 0{,}8513$ und $\mathfrak{M}(\beta) = 0{,}1733$, so |daß hier die sich ergebende Abweichung $(1 - \beta = 0{,}1487)$ 86 % des betreffenden mittleren Fehlers ausmacht. Schließlich erhält man nach den Formeln (81), (83), (88) und (99), wo wiederum $\nu = 19$ zu setzen ist: $\vartheta = 0{,}5698$, $\vartheta' = 0{,}5606$, $\mathfrak{M}(\vartheta) = 0{,}3886$ und $\mathfrak{M}(\vartheta')$ $= 0{,}3961$, so daß die Abweichungen $1 - \vartheta$ und $1 - \vartheta'$ um etwa 11 % den maßgebenden mittleren Fehler übertreffen.

Die Werte η_j bzw. η_λ und $\bar{\eta}_\lambda$ — die letzteren nach Formel (74) bestimmt — sind auf Fig. 5, die den Fig. 1 bis 4 genau nachgebildet ist, zur Darstellung gebracht.

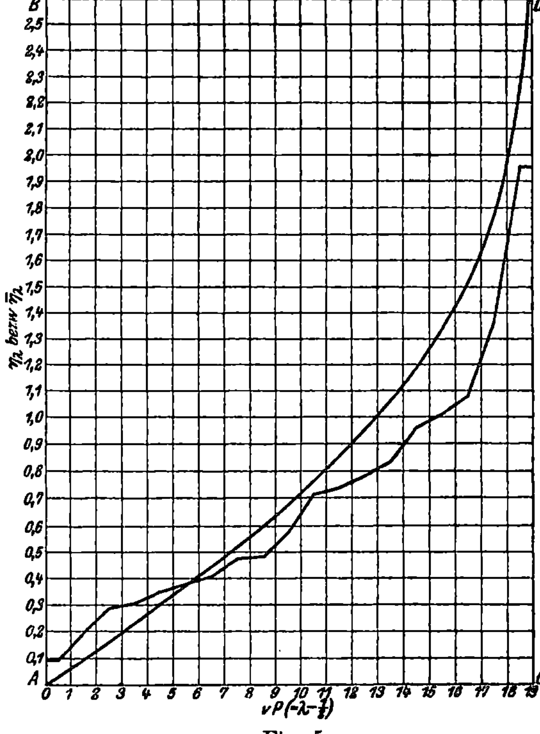

Fig. 5.

Seit Januar 1913 erscheint:

Die Naturwissenschaften

Wochenschrift für die Fortschritte der Naturwissenschaft, der Medizin und der Technik

(Zugleich Fortsetzung der von W. Sklarek begründeten Naturwissenschaftlichen Rundschau).

Herausgegeben von

Dr. Arnold Berliner und Dr. Curt Thesing

Jährlich 52 Nummern im Umfang von je ca. 48 Spalten
Preis vierteljährlich M. 6.—

Diese neue Zeitschrift enthält:

a) Originalbeiträge und Sammelreferate — b) Besprechungen von Büchern und Zeitschriftenartikeln, die mehr als ein spezialwissenschaftliches Interesse bieten — c) Referate über wissenschaftliche Veranstaltungen (Kongresse, Vorträge, Ausstellungen) — d) Berichte über den Forschungsbetrieb auf Universitäten, Akademien, wissenschaftlichen Stationen und Instituten — e) Berichte über Fragen der Methodik und des Unterrichts — f) Kleine Mitteilungen, Universitätsnachrichten, Personalien — g) Wissenschaftliche Korrespondenz.

Die Originalbeiträge behandeln vorwiegend Dinge, die auch andere als die auf demselben Spezialgebiet Arbeitenden interessieren. — Die Bücherbesprechungen bestehen in einer wirklichen Übersicht über den Inhalt der Bücher, nicht in allgemeinen Werturteilen, mit denen der Leser nichts anfangen kann, auch nicht, wie es sonst so oft der Fall ist, nur in Umschreibungen der Vorrede des Verfassers. Sie erscheinen überdies sehr viel früher, als das bisher üblich war und dienen dadurch den Interessen des Verfassers wie der Leser gleichmäßig und so vollkommen wie möglich. — Die Referate über die wissenschaftlichen Veranstaltungen zeichnen sich durch möglichste Aktualität aus und sind entweder Autorreferate oder Referate von andern völlig Orientierten. Aber auch hier hält sich die Zeitschrift von einseitigem Spezialistentum fern. Vorträge über naturwissenschaftliche und technische Dinge von allgemeiner Bedeutung, die in den Tageszeitungen meist nur unzulänglich besprochen werden können, werden durch die „Naturwissenschaften" auch andern als den daran unmittelbar interessierten Fachkreisen möglichst bald bekannt und zugänglich gemacht. — Die wissenschaftliche Korrespondenz bezweckt den öffentlichen Meinungsaustausch über wichtige, nicht genügend geklärte Fragen der allgemeinen naturwissenschaftlichen Interessen, wie sie etwa zu einer Diskussion bei einer Versammlung Veranlassung geben. Sie bezweckt ferner die eventuelle Erlangung einer Auskunft oder einer Belehrung, die auf anderem Wege nur schwer oder gar nicht zu erhalten ist.